30 Minuten
New Work

Rosemarie Thiedmann

Externe Links wurden bis zum Zeitpunkt der Drucklegung des Buches geprüft. Auf etwaige Änderungen zu einem späteren Zeitpunkt hat der Verlag keinen Einfluss. Eine Haftung des Verlags ist daher ausgeschlossen.

Bibliografische Information der Deutschen Nationalbibliothek. Die Deutsche Nationalbibliothek verzeichnet diese Publikation in der Deutschen Nationalbibliografie; detaillierte bibliografische Daten sind im Internet über http://dnb.d-nb.de abrufbar.

ISBN 978-3-96739-173-2

Umschlaggestaltung: die imprimatur, Hainburg
Umschlagkonzept: Buddelschiff, Stuttgart | www.buddelschiff.de
Lektorat: Silke Martin, Kriftel
Autorenfoto: Thomas Dreier, München
Satz und Layout: Zerosoft, Timisoara (Rumänien)
Druck und Bindung: Salzland Druck, Staßfurt

Ein Hinweis zu gendergerechter Sprache: Die Entscheidung, in welcher Form alle Geschlechter angesprochen werden, obliegt den jeweiligen Verfassenden.

Wir drucken in Deutschland.

www.gabal-verlag.de
www.gabal-magazin.de
www.twitter.com/gabalbuecher
www.facebook.com/gabalbuecher
www.instagram.com/gabalbuecher

PEFC zertifiziert
Dieses Produkt stammt aus nachhaltig bewirtschafteten Wäldern und kontrollierten Quellen.
www.pefc.de

Wir übernehmen Verantwortung! Ökologisch und sozial!

- Verzicht auf Plastik: kein Einschweißen der Bücher in Folie
- Nachhaltige Produktion: Verwendung von Papier aus nachhaltig bewirtschafteten Wäldern, PEFC-zertifiziert
- Stärkung des Wirtschaftsstandorts Deutschland: Herstellung und Druck in Deutschland

Wissen auf den Punkt gebracht

Dieses Buch ist so konzipiert, dass Sie in kurzer Zeit prägnante und fundierte Informationen aufnehmen können. Mithilfe eines Leitsystems werden Sie durch das Buch geführt. Es erlaubt Ihnen, innerhalb Ihres persönlichen Zeitkontingents (von 10 bis 30 Minuten) das Wesentliche zu erfassen.

Kurze Lesezeit

In 30 Minuten können Sie das ganze Buch lesen. Wenn Sie weniger Zeit haben, lesen Sie gezielt nur die Stellen, die für Sie wichtige Informationen beinhalten.

- Schlüsselfragen mit Seitenverweisen zu Beginn eines jeden Kapitels erlauben eine schnelle Orientierung: Sie blättern direkt zu dem Thema, das Sie besonders interessiert.
- **Zahlreiche Zusammenfassungen innerhalb der Kapitel erlauben das schnelle Querlesen.**
- Ein Fast Reader am Ende des Buches fasst alle wichtigen Aspekte zusammen.
- Ein Register erleichtert das Nachschlagen.

Inhalt

Vorwort 6

1. Was man unter New Work versteht 9
Ursprung: „Arbeiten, wie ich wirklich, wirklich will“ 10
Weiterentwicklung: Wo New Work heute steht 11
VUCA: Der Grund, warum wir New Work brauchen...16
Unterscheidung: Toolbox ist nicht gleich Haltung 21

2. New Work und agiles Arbeiten 27
Das Agile Manifest 28
Scrum, Sprints, Kanban & Co. kurz erklärt 30
Agiles Arbeiten allein ist noch kein New Work 35

3. Die Hierarchie auf dem Prüfstand 39
Top-down-Hierarchie als Flaschenhals 40
Hierarchie vs. evolutionäre Zusammenarbeit 43
Organigramm: Rollen statt Kästchen 45

4. Drei wirksame Stellhebel für New Work 53
Ganzheit: Psychologische Sicherheit als Basis 54
Selbststeuerung: Beratungsprozess als Schlüssel......58
Sinn: Werte, Vision und Mission als Leitstern 64

5. New Work in der Praxis 71
Ziele und Monitoring mit OKRs 72
Barcamps und Open Friday 76
Top-down oder Graswurzelbewegung 80

Auf dem Weg zu New Work: Wo Unternehmen am besten anfangen 86

Fast Reader 89
Die Autorin 93
Weiterführende Literatur 94
Register 95

Vorwort

Kennen Sie das Gefühl, ganz aufzugehen in einer Tätigkeit? Sie konzentrieren sich mit spielerischer Leichtigkeit, Sie versinken in Ihrer Arbeit und sind begeistert vom Ergebnis. Kostbare Flow-Momente, die jeder Mensch in jeder Generation genießt. Menschen wollen Flow erleben und Leistung bringen. Wenn Arbeitsumgebungen uns diese wertvollen Momente ermöglichen, gehen wir gerne zur Arbeit.

Doch oft sieht unser Arbeitsalltag ganz anders aus. Seit dem Zeitalter der Industrialisierung haben wir uns an die hierarchische Organisation von Unternehmen und Organisationen gewöhnt. Es gibt Abteilungen, Arbeitsteilung, Produktions- und Verwaltungsbereiche. Dies bringt Silodenken und Begrenzung der Entfaltungsmöglichkeiten für den Einzelnen mit sich. Wir akzeptieren, dass manche nicht nur von ihrer Arbeitsleistung, sondern als ganzer Mensch mehr wert zu sein scheinen und besser behandelt werden als andere. Es ist für Führungskräfte zwar frustrierend, aber doch normal, dass sie schier in der Fülle an Meetings ertrinken. Betriebswirtschaftliche Gedanken dominieren die Handlungen im Unternehmen und manchmal ist Profitorientierung der einzige Unternehmenszweck.

Gleichzeitig steigen die Burn-out-Raten. Fehlzeiten durch psychische Erkrankungen gehen durch die Decke. Die alten Arbeitssysteme kommen in der Vielschichtigkeit der globalisierten Welt an die Grenzen ihrer Wendigkeit und können kaum Schritt halten mit den rasanten Veränderungen der Märkte.

Dann gibt es jedoch Unternehmen, die anders denken und handeln. Sie stellen die in die Jahre gekommenen Systeme auf den Kopf und sind damit außergewöhnlich erfolgreich. Sie arbeiten nach den Prinzipien von New Work, wo Menschlichkeit und Zusammenarbeit auf Augenhöhe gelebt und große wirtschaftliche Erfolge gefeiert werden. Sie üben eine magische Anziehung auf neue Arbeitskräfte aus. Sie sind flexibel und passen sich durch die Verteilung der Verantwortung auf viele Menschen rasant an große Veränderungen an.

Es gibt nicht das eine, richtige New Work.
New Work ist ein Weg, den jedes Unternehmen nur individuell beschreiten kann.

Ich glaube daran, dass erfüllende Zusammenarbeit im Arbeitsleben möglich ist. Lassen Sie sich inspirieren, wie Sie dazu beitragen können, eine New-Work-Arbeitsumgebung zu gestalten und Flow für alle zu ermöglichen.

Ihre
Rosemarie Thiedmann

Wie kam der Begriff New Work in die Welt?

Seite 10

Wie stellen sich Unternehmen auf eine Welt im rasanten Wandel ein?

Seite 16

Welche Tools können nützliche Helfer sein?

Seite 21

1. Was man unter New Work versteht

Unternehmen und Organisationen mit einer New-Work-Kultur sind geprägt von Menschlichkeit und Zusammenarbeit auf Augenhöhe. Sie bieten Rahmenbedingungen, in denen der Flow, also das erfüllte Aufgehen in einer Tätigkeit, für alle Menschen Teil ihrer täglichen Arbeit ist. In einigen Unternehmen sind formale Hierarchien gar nicht mehr vorhanden. Dort, wo es noch Führungskräfte gibt, dienen diese als Wegweiser und Unterstützer für ihre Teammitglieder, damit diese Entscheidungen in Eigenverantwortung treffen können. Da Verantwortung auf viele Schultern verteilt wird, können sie schnell und flexibel auf Krisen und Veränderungen der Märkte reagieren, was ihre Wirtschafts- und Innovationskraft stärkt. Ihre Kultur übt eine starke Anziehung auf Bewerberinnen und Bewerber aus, da sie den Bedürfnissen des Einzelnen Rechnung trägt.

1.1 Ursprung: „Arbeiten, wie ich wirklich, wirklich will“

Wer sich mit den Anfängen von New Work befasst, stößt unweigerlich auf den Sozialphilosophen Prof. Frithjof Bergmann. Er gilt als Begründer der New-Work-Kultur und hat mit seinem Zentrum für Neue Arbeit den Weg für eine neue Arbeitskultur bereitet.

Zentrum für Neue Arbeit

Wie kann man die Welt besser machen? Diese Frage trieb Frithjof Bergmann um, als er in jungen Jahren nach schwerer Kriegs-Kindheit aus Österreich in die USA übersiedelte. In den 1980er-Jahren litt die Automobilindustrie in den USA unter einer schweren Krise und es kam zu großen Entlassungswellen. Bergmann gründete in dieser Zeit in Flint/Michigan sein Zentrum für Neue Arbeit. Dort unterstützte er Menschen, die vor der Herausforderung einer beruflichen Umorientierung standen, zu einer neuen beruflichen Sinnerfüllung zu finden. Unterstützt wurde er dabei von zahlreichen Mentoren.

Neue Fragestellung

Es war ein Paradigmenwechsel, Arbeiter, die von der Fließbandarbeit kamen, zu fragen: „Wie willst du wirklich, wirklich arbeiten?“ Bergmann, der 1930 in Sachsen geboren wurde und 2021 in Ann Arbor, Michigan, verstarb, sagte dazu, es sei damals ein „unerhörter Gedanke“ gewesen,

Menschen danach zu fragen, wie sie sich ihr künftiges Arbeitsleben wünschen würden.

Suche nach dem tieferen Sinn

Leitend waren für Bergmann die Gedanken, wie Menschen zu mehr Entscheidungsfreiheit sowie Handlungsfreiheit in ihrer täglichen Arbeit kommen. Dabei ging es ihm jedoch nicht in erster Linie darum, diese Prinzipien innerhalb von Organisationen umzusetzen. Gerade die Frage „Wie willst du wirklich, wirklich arbeiten?" verstand er eher als eine tiefere Sinnsuche, die sich nur außerhalb von Lohnarbeit verwirklichen lässt.

Frithjof Bergmann gilt als Begründer der New-Work-Kultur. In seinem Zentrum für Neue Arbeit in Flint/Michigan half er Menschen dabei, zu einer neuen beruflichen Sinnerfüllung zu finden. Sein damals völlig innovativer Ansatz bestand darin, Arbeiter mit der zuvor noch nie gestellten Frage zu konfrontieren: „Wie willst du wirklich, wirklich arbeiten?"

1.2 Weiterentwicklung: Wo New Work heute steht

Wenn es für den Einzelnen wichtig ist, sich zu fragen: „Wie will ich wirklich, wirklich arbeiten?", ist es für die Lenker von Organisationen wichtig, sich zu fragen: „Welche Rahmenbedingungen wollen wir schaffen, damit neue, zeitgemäße Formen der Arbeit entstehen können?"

Evolutionäre Organisationen

Frederic Laloux ist es mit seinem Buch *Reinventing Organizations* gelungen, die Philosophie von Frithjof Bergmann in die Gegenwart heutiger Organisationen zu übertragen. Er hat sich auf die Suche nach Unternehmen gemacht, in welchen eine „evolutionäre" Kultur der Zusammenarbeit gepflegt wird. Evolutionäre Organisationen ticken anders, als wir es seit dem Taylorismus, der die Steigerung von Produktivität durch Arbeitsteilung zum Ziel hat, gewöhnt sind. Sie haben häufig das starre Korsett der Hierarchie-Pyramide hinter sich gelassen. Dadurch sind sie nicht mehr davon geprägt, dass einige wenige die Macht besitzen, alle Entscheidungen zu treffen, sowohl über wirtschaftliche Belange als auch über die Arbeitsbedingungen anderer Menschen.

Entscheidungsfindung im Kollektiv

Evolutionäre Organisationen sind davon geprägt, im Kollektiv die besten Entscheidungen zu treffen, die dem gesamten Unternehmen und seinen Kunden, Mitarbeitenden und Stakeholdern dienen. Demokratische Mehrheitsentscheidungen würden eine Organisation dabei eher lähmen als beflügeln. Daher gilt es, Entscheidungsprozesse zu vereinbaren, die der Mehrheitsentscheidung in der Qualität der Ergebnisse überlegen sind.

Drei Kernelemente

Laloux beschreibt anhand von zwölf Unternehmensbeispielen drei Kernelemente, die evolutionäre Organisationen kennzeichnen (hier finden Sie eine Kurzbeschreibung, ausführlicher geht es dann in Kapitel 4 weiter):

1. **Ganzheit:** Menschen können sich mit all ihren Bedürfnissen, frei von Maskerade, im Unternehmen zeigen. Psychologische Sicherheit spielt eine zentrale Rolle. Eine gesunde Fehlerkultur macht kollektives Lernen möglich. Persönliche Bedürfnisse haben einen hohen Stellenwert. Schwäche zu zeigen ist in Ordnung. Kollegiale Hilfsbereitschaft und Unterstützung werden großgeschrieben.

2. **Selbststeuerung:** Sowohl die Freiheit als auch die Verantwortung dafür, Entscheidungen zu treffen, werden auf alle Köpfe im Unternehmen verteilt und liegen nicht mehr bei den Führungskräften. Damit dies funktioniert, nutzen die Menschen innerhalb der Organisationen einen verbindlichen Beratungsprozess, bei dem sowohl Experten als auch alle von einer Entscheidung betroffenen Personen einbezogen werden.

3. **Sinn:** Evolutionär handeln Menschen in Unternehmen auch dann, wenn sie ein übergeordneter Sinn leitet. Dieser „Purpose“, der mehr beinhaltet als Gewinnmaximierung, strahlt auf die Menschen in der Organisation aus. Der Wunsch, mit dem Unternehmenszweck einen sinnvollen Beitrag für die Gesellschaft zu leisten, schweißt Menschen zusammen und aktiviert ihre intrinsische Motivation. Dadurch entstehen Einklang und der Wunsch,

gemeinsam Ziele zu erreichen, die bei den Menschen in der Organisation ein tieferes Gefühl der inneren Zufriedenheit hinterlassen.

On the Way to New Work

Swantje Allmers, Michael Trautmann und Christoph Magnussen, die deutschen Autoren des Buches *On the Way to New Work*, gehen der Frage nach, wie Arbeit zu etwas wird, das Menschen stärkt.

In ihrem gleichnamigen Podcast ließen Magnussen und Trautmann seit 2017 bereits mehrere Hundert Menschen zu Wort kommen. Sie geben mit ihrer Arbeit einen facettenreichen Einblick in Unternehmen und Lebensläufe von Gestaltern der New-Work-Bewegung.

Gespräche mit Bergmann & Laloux

Für Folge 100 sind sie in die USA gereist, um ausführlich mit dem inzwischen verstorbenen Frithjof Bergmann zu sprechen und den wertvollen ursprünglichen Kern von New Work greifbar zu machen und in die Gegenwart zu transportieren.

In Folge 261 sprechen sie mit Frederic Laloux. Der Belgier, der durch seine deutsche Mutter ein sehr gutes Deutsch spricht, engagiert sich inzwischen sehr für das Thema Nachhaltigkeit bzw. Regeneration, worum sich ein Teil der Folge dreht. Laloux erzählt von seinem Leben in einem ökologischen Dorf und seinem Weg, mehr Bewusstsein für ein ökologisch bewusstes Leben zu schaffen.

Selbstreflexion

Den Begriff Selbstreflexion stellen die Autoren in *On the way to New Work* bewusst an den Anfang. Denn nur wer sich selbst und seine Stärken in der Tiefe erkannt hat, kann arbeiten, wie er oder sie wirklich, wirklich will. Wer sich auf die Reise zu New Work begibt, sollte sich zunächst auf eine innere Reise begeben und mithilfe von Stärkenanalysen, auf die sie in ihrem Buch näher eingehen, seine wahren Talente erforschen (siehe auch Abschnitt „Was passt zu mir“ in Kapitel 3.3).

New Work Charta

Auf seiner Seite humanfy.de hat der Psychologe und Autor des Buches *Arbeit, die schönste Nebensache der Welt,* Markus Väth, die New Work Charta niedergeschrieben, die bereits von mehreren Hundert Menschen unterzeichnet wurde:

- Wir treten ein für eine klare, humanistische und soziale Version von New Work
- Wir zeigen auf, wie man das Ursprungskonzept mit der heutigen Wirtschaft versöhnt
- Wir geben Unternehmen ein ganzheitliches Framework für ihre Projekte an die Hand

Für Markus Väth orientieren sich New-Work-Unternehmen an den folgenden fünf Prinzipien:

1. Freiheit
2. Selbstverantwortung
3. Sinn

4. Entwicklung
5. Soziale Verantwortung

In seinem Podcast *New Work Works* interviewt er seit 2020 vielseitige Gesprächspartner rund um die Gestaltung der neuen Arbeitswelt.

In seinem Buch *Reinventing Organizations* beschreibt der Belgier Frederic Laloux anhand von Unternehmensbeispielen drei Kernelemente evolutionärer Organisationen:

- **Ganzheit – Zusammenarbeit frei von Maskerade**
- **Selbststeuerung – Verteilte Entscheidungen**
- **Sinn – Vision als verbindender Leitstern**

In ihrem Podcast *On the Way to New Work* geben Christoph Magnussen und Michael Trautmann Gestaltern der New-Work-Bewegung eine Stimme. Im gleichnamigen Buch (weitere Autorin: Swantje Allmers) beleuchten sie aus deutscher Sicht die Facetten der New-Work-Kultur.
Der Autor und Psychologe Markus Väth lädt unter humanfy.de zur Zeichnung der New Work Charta ein.

1.3 VUCA: Der Grund, warum wir New Work brauchen

Der Begriff der „VUCA-Welt“ beschreibt eine „Gemengelage“ und Verdichtung von Herausforderungen, die es Unternehmerinnen und Unternehmern bzw. Führungskräften in der heutigen Zeit besonders erschweren, sinnvolle und tragfähige Entscheidungen zu treffen. Die Risiken für Fehlentscheidungen, die Unternehmen ins Straucheln bringen können, sind dabei vielfältig.

Der in den 1990er-Jahren von der US-Armee geprägte Begriff VUCA bringt diese Herausforderungen auf den Punkt. Das Akronym steht für:

V: Volatility/Volatilität
U: Uncertainty/Unsicherheit
C: Complexity/Komplexität
A: Ambiguity/Ambiguität

V wie Volatility: Volatilität

Volatilität beschreibt die Geschwindigkeit, mit der sich Rahmenbedingungen verändern und Beständigkeit schwindet. In globalisierten Märkten sind es sowohl technische als auch politische Entwicklungen, die zur **Unbeständigkeit** beitragen. Wenn wir allein auf die Entwicklung der Kommunikationsmöglichkeiten, vom Handy bis zum Video-Call, blicken oder auf die E-Mobilität von der ersten E-Tankstelle bis zu den Fortschritten des autonomen Fahrens, wird schnell klar, dass richtige unternehmerische Entscheidungen von gestern heute bereits veraltet sein können, da sich die Technologie rasant weiterentwickelt.

Ein zeitgemäßer Umgang mit Volatilität erfordert eine konsequente Beobachtung all dessen, was in der Welt geschieht, um neue Trends und Strömungen schnell zu erfassen und rasch darauf zu reagieren.

U wie Uncertainty: Unsicherheit

In unserer globalisierten Welt hat die Vorhersagbarkeit drastisch abgenommen. Große Einflussfaktoren, wie die globale Bevölkerungsentwicklung, die rasante ökonomische Entwicklung von riesigen Nationen wie China, das fragile weltweite Finanzgeflecht mit Großbanken, deren Scheitern die ganze Weltwirtschaft ins Wanken bringen würde, machen es schier unmöglich, alle wesentlichen Einflussfaktoren zu erfassen und richtig zu bewerten.

Mutig Veränderungen angehen

Um als Unternehmen mit der Unsicherheit von heute klarzukommen, braucht es Mut und Entschlossenheit, auch wenn es keine endgültigen Sicherheiten mehr gibt. Und es braucht die Fähigkeit, schnell umzuschalten. Und, wenn ein Geschäftszweig nicht mehr funktioniert, die Nischen zu finden, die noch funktionieren. In Zeiten des ersten Corona-Lockdowns zeigte sich, welche Firmen in der Lage waren, rasant Laptops bereitzustellen und Bürojobs nach Hause zu verlegen.

C wie Complexity: Komplexität

Die Vielschichtigkeit heutiger Geschäftsprozesse stellt die Menschen in Unternehmen vor weitere Herausforderungen. Unzählige, oft unkalkulierbare Parameter beeinflussen die Arbeitsprozesse, die kaum noch zu überblicken sind:

- Der technologische Fortschritt ermöglicht es, ausgeklügelte, kleinteilige Bauteile herzustellen.

- Neue Materialien, Oberflächenbeschichtungen, Druckverfahren und Softwarelösungen wirbeln bestehende Prozesse durcheinander.
- Neue Transportwege entstehen.
- Missstände werden aufgedeckt, die neue Audits erfordern, um Ausbeutung oder Umweltvergiftung zu verhindern.
- Neue Ernährungstrends verlangen nach neuen Rohwaren und Verarbeitungsprozessen.
- Exportkontrolle, Patent- und Markenrecht erfordern in der internationalen Zusammenarbeit vielfältige Recherchen und rechtliche Absicherung.
- Durch politische Auseinandersetzungen oder gar Kriege werden Länder zu Freunden oder Feinden, wodurch sich die Geschäftsbeziehungen von heute auf morgen ändern können.

Kommunikation & Kooperation

Um Komplexität zu meistern, braucht es Kommunikation, einen wachen Geist und das Mitdenken vieler Menschen, die gemeinsam den Überblick behalten. Überraschungen konstruktiv für das Unternehmen zu nutzen sowie das konsequente Weglassen von allem, was keinen direkten Mehrwert (mehr) stiftet, gehören heute zu den wichtigsten Fähigkeiten. Außerdem braucht es ein gutes Zusammenwirken mit erfahrenen Kooperationspartnern, die zuverlässig mit ihrem Spezialwissen zuarbeiten, sodass es möglich ist, in vielfältigen Disziplinen auf dem Laufenden zu bleiben.

A wie Ambiguity: Ambiguität/Mehrdeutigkeit

Die Mehrdeutigkeit von Informationen macht es Entscheidern ebenfalls schwer, klarzusehen. Informationen und Fakten stehen zwar oft in großer Fülle zur Verfügung. Diese sind jedoch nicht immer eindeutig interpretierbar. Wie zuverlässig sind die Informationskanäle? Welche Schlüsse lassen sich daraus ziehen? Dieselben Informationen können zudem durch unterschiedliche Personen anders gedeutet werden.

Offen diskutieren

Mehrdeutigkeit verlangt danach, verlässliche Informationsquellen zurate zu ziehen. Unterschiedliche Sichtweisen werden am leichtesten dann transparent, wenn alle Menschen im Unternehmen es wagen, diese auch zu äußern. Wenn Menschen offen und auf Augenhöhe über verschiedene Optionen diskutieren, erhöht dies die Chance, gemeinsam zu sinnvollen Entscheidungen zu kommen.

Der aus der US-Armee stammende Begriff VUCA beschreibt, dass wir in einer globalisierten Welt vor vielfältigen Herausforderungen stehen:
V: Volatility: Rasante Veränderungen
U: Uncertainty: Unsichere Rahmenbedingungen
C: Complexity: Schwer zu überblickende Zusammenhänge
A: Ambiguity: Zweifel durch Mehrdeutigkeit

1.4 Unterscheidung: Toolbox ist nicht gleich Haltung

Voraussetzung für New Work ist eine klare Haltung. Tools oder „Hacks" unterstützen dabei, New Work zum Leben zu erwecken.

Auf die Haltung kommt es an

Entscheidend, ob New Work eine tiefe Wirkung entfalten kann, ist die Haltung, mit der die Beteiligten sich auf diese Form der Zusammenarbeit einlassen. Kein Tool, egal wie gut es ist, kann die inneren Werte und Überzeugungen ersetzen, welche die Basis bilden, mit der New Work gelingen kann. Vertrauen ist ein zentraler Wert, ohne den New Work zum Scheitern verurteilt ist.

⇨ **Es braucht die Bereitschaft, Vertrauen zueinander aufzubauen und sich aufeinander einzulassen.** Nur so können Entscheidungen nicht nur an den Nadelöhren in der Hierarchie getroffen, sondern kann Entscheidungsfähigkeit ins gesamte Unternehmen verteilt werden.

⇨ **Zutrauen ist erforderlich, um Menschen, die keine klassische Führungsfunktion innehaben, zurate zu ziehen, mit sensiblen Informationen zu versorgen und selbstständig ihren Arbeitsalltag gestalten zu lassen.** In der Produktion genauso wie auf der Baustelle, dem Acker oder in der Verwaltung.

⇨ **Wertschätzung, Achtung und Respekt gegenüber allen Menschen im Unternehmen bilden die Grundlage für Zusammenarbeit auf Augenhöhe. So werden gemeinsames Aushandeln und das vereinte Ziehen an einem Strang möglich.**

Alle Meinungen hören

Dabei gibt es selbstverständlich Unterschiede in Bezug auf den Erfahrungsschatz und die Qualifikation, die alle Einzelnen mitbringen. Dennoch ist es möglich und für lebendiges New Work sogar erforderlich, den Auszubildenden genauso anzuhören und seine Sicht auf die Dinge zu berücksichtigen wie die Sicht der Projektleiterin, des Pflegehelfers, der Mechanikerin oder des Ingenieurs. Denn dann entsteht das umfassende Bild, das nötig ist, um in der VUCA-Welt (s. Kapitel 1.3) schnell und angemessen zu reagieren.

> Der Auszubildende hat vielleicht gerade eine neue App ausprobiert, die Kommunikation mit Künstlicher Intelligenz ermöglicht. Er berichtet der Projektleiterin davon, die dadurch den entscheidenden Hinweis für ein Innovationsprojekt aufschnappt.
>
> Der Ingenieur holt sich Feedback von der Mechanikerin, die ihn aus ihrer Praxis-Sicht auf eine Feinheit in seiner Konstruktionszeichnung hinweist, die im Prozess zu Problemen führen würde. So kann er den Fehler in seiner Zeichnung rechtzeitig korrigieren, den er aus seiner Theorie-Perspektive nicht als solchen erkennen konnte, und damit die Produktion von viel Ausschuss verhindern.

Tools sind hilfreich und notwendig für New Work. Doch **das allerbeste Tool kann seine Wirkung nur dann entfalten, wenn die richtige Haltung gegenüber den Menschen im Unternehmen als Basis vorhanden ist.**

New Work braucht Tools

Der Beratungsprozess, der in Kapitel 4.2 geschildert wird, ist eines dieser Werkzeuge, die wirksam sind, um New Work zum Leben zu erwecken. New Work darf nicht mit Laissez-faire („gewähren lassen“) verwechselt werden. Damit würden jegliche „Zügel“ und Regularien durch ein Vakuum an Führung fehlen. Nur durch klare Absprachen und Vereinbarungen entstehen Rahmenbedingungen, unter denen New Work möglich wird. Mit geeigneten Tools lassen sich diese Vereinbarungen treffen. Hier eine kleine Auswahl aus den vielfältigen Möglichkeiten der New Work Tools:

- Im **All Hands Meeting** werden regelmäßig relevante Informationen mit allen aus der Belegschaft geteilt. Rückmeldungen können eingeholt und Unterstützer für Problemlösungen gesucht werden.

- Es erhöht den Bezug aller Beteiligten zueinander, wenn Meetings mit einem **Check-in** starten, also etwa mit Fragen wie: „Mit welchen Gedanken bist du hier?“, oder: „Was beschäftigt dich heute besonders?“

- Beim **Delegation Poker** klären Teammitglieder und Führungskraft (oder das Team, falls es keine formale Führung mehr gibt), wo die Entscheidungsverantwortung liegt und in welchem Maß andere einbezogen werden.

- Mithilfe des **Mood Checks** wird die Stimmung in Teams transparent. Durch (meist) anonyme Fragen wie beispielsweise „Wie zufrieden bist du auf einer Skala von 1 bis 10 mit der Hilfsbereitschaft in deinem Team?“ oder „Was würdest du aktuell an der Zusammenarbeit gerne verbessern?“ werden Handlungsfelder sichtbar.

- Regelmäßig abgehaltene **Retrospektiven** dienen dazu, den Prozess der geleisteten Zusammenarbeit zu reflektieren und für die Zukunft zu verbessern. Dabei liegt der Fokus nicht auf den Arbeitsergebnissen, sondern auf der Qualität der Interaktionen der Beteiligten.

- Eine offene Kultur ist die Voraussetzung, um mit **Shared Pain Points** Hindernisse im eigenen Vorankommen mit seinen Kolleginnen und Kollegen zu teilen. Sie macht es möglich, Schwächen und Herausforderungen mit anderen zu teilen. So gelingt es, die Schwarmintelligenz anzuzapfen und gemeinsam auf neue Lösungen zu kommen.

- Während der **Week of learning** teilen interne Wissensträger ihr Know-how mit ihren Kolleginnen und Kollegen in Form von Vorträgen, Kurzworkshops, Diskussionsrunden, Q&A Sessions, Training on the Job etc. Gute Vorbereitung, Planung und Unterstützung der Wissensgeber sowie eine gute Moderation der Event-Woche tragen zum Gelingen bei.

New Work stellt den Menschen in den Mittelpunkt und legt den Fokus auf die Qualität der Zusammenarbeit.

- Frithjof Bergmann hat den Begriff New Work geprägt. In seinem Zentrum für Neue Arbeit unterstützte er Menschen dabei, herauszufinden, wie sie wirklich, wirklich arbeiten wollen.
- In *Reinventing Organizations* stellt Frederic Laloux anhand von zwölf Unternehmensbeispielen seine Vorstellung von evolutionärer Zusammenarbeit dar. Dabei hat er drei Kernelemente identifiziert: Ganzheit – Selbststeuerung – Sinn.
- Wir leben in einer VUCA-Welt. Das Akronym steht für Volatility, Uncertainty, Complexity und Ambiguity. VUCA ist der Grund, warum alte Muster der Zusammenarbeit an ihre Grenzen kommen. New Work bietet Lösungen für diese Herausforderungen.
- Auf Basis einer Haltung, die von Wertschätzung und Vertrauen geprägt ist, entfalten New-Work-Tools erst ihre Wirkung. Tools wie Check-in, Delegation Poker oder Retrospektive fördern die Kommunikation über die Form der Zusammenarbeit und tragen somit zu einem flüssigeren und wirksameren Miteinander bei.

Warum braucht agile Zusammenarbeit ein Manifest?

Seite 28

Was verbirgt sich hinter Begriffen wie Scrum, Sprint oder Kanban?

Seite 30

Was hat agiles Arbeiten mit New Work zu tun?

Seite 35

2. New Work und agiles Arbeiten

New Work und agile Zusammenarbeit haben die moderne Arbeitswelt nachhaltig verändert. In diesem Kapitel werfen wir einen Blick auf die Zusammenhänge zwischen New Work, agiler Zusammenarbeit und einigen der wichtigsten Begriffe in diesem Kontext.

Doch was bedeutet eigentlich Agilität? Oftmals wird von Führungskräften betont, wie wichtig es sei, agiler zu werden. Doch was steckt wirklich dahinter? Agilität ist mehr als nur flexible Zusammenarbeit.

Die Idee agiler Arbeitsprinzipien entstand in der IT-Branche, um den Herausforderungen der schnelllebigen Softwareentwicklung gerecht zu werden. Dafür wurden Regelwerke wie Scrum entwickelt. Agiles Arbeiten ermöglicht höhere Geschwindigkeit, bessere Qualität und eine menschenzentrierte Arbeitskultur.

2.1 Das Agile Manifest

„Wir müssen agiler werden." Diesen Satz höre ich oft in Zusammenhang mit Veränderungsprozessen und dem Wunsch nach Kulturwandel. Doch was steckt hinter dem Begriff Agilität? Führungskräfte, die diesen Satz verwenden, sind sich manchmal nicht bewusst, dass hinter agiler Arbeit ein umfassendes Regelwerk steckt, welches den Unterschied macht, ob Menschen **agil** oder einfach nur mit **größerer Flexibilität** zusammenarbeiten.

Ursprung liegt in der IT-Branche

Idee und Prinzipien der agilen Arbeit kamen zunächst in der Softwareentwicklung zum Einsatz. Dort zeigte sich, dass sich die Anforderungen an ein neues Software-Produkt vom Zeitpunkt der ursprünglichen Planung bis zur Fertigstellung und Auslieferung häufig zu stark veränderten. Es gab zu wenig Kommunikation mit den Kunden. Die User und ihre sich wandelnden Bedürfnisse wurden zu wenig berücksichtigt. Die zunehmende Komplexität der Software war von einzelnen Entwicklern kaum noch zu überblicken, sodass sich zunehmend Fehler (Bugs) in der Software einschlichen. Das starre Befolgen der ursprünglichen Planung hatte Unzufriedenheit bei den Kunden zur Folge.

Schnellere, wirksamere Ergebnisse

In der VUCA-Welt (s. Kapitel 1.3), in der wir heute alle leben, verändern sich globale Rahmenbedingungen rasant. Um diese Veränderungen kontinuierlich in die Entwicklung von neuen Produkten und Dienstleistungen einfließen zu lassen, wurden Regelwerke und Methoden der agilen Zusammenarbeit entwickelt. Mit diesen gelingt es, schneller, wirksamer und zufriedenstellender für alle Beteiligten zu passenden Ergebnissen zu kommen.

Das Agile Manifest

Im Jahr 2001 setzten sich 14 erfahrene Software-Berater und Entwickler zusammen, die bereits Erfahrung mit agilen Arbeitsweisen wie Scrum mitbrachten, und schrieben das Agile Manifest nieder. Ihr Ziel war es, die Effektivität und Effizienz von Softwareentwicklungsprojekten zu erhöhen und eine alternative Herangehensweise zu fördern.

Vier Kernaussagen des Agilen Manifests:

1. **Menschen und Zusammenarbeit** sind wichtiger als Prozesse und Werkzeuge.
2. **Ein funktionierendes Produkt** ist wichtiger als umfassende Dokumentation.
3. **Kundenbeziehung und Kooperation** sind wichtiger als Vertragsverhandlungen.
4. **Die Reaktion auf Veränderung** ist wichtiger als das Befolgen von Plänen.

Dabei behalten Prozesse und Werkzeuge, Dokumentation, Vertragsverhandlungen und Pläne durchaus eine Bedeutung. Jedoch verschiebt sich der Fokus: weg von der Technik und Regularien hin zu den wahren Bedürfnissen der Menschen.

Wenn die Kernaussagen des Agilen Manifests im Unternehmen gelebt werden, entstehen:

- **Höhere Geschwindigkeit:** Produkte und Dienstleistungen, die sich kontinuierlich weiterentwickeln, kommen schneller beim Kunden an.
- **Bessere Qualität:** Der Kunde als Mensch und die Ausführenden mit ihrer „Fehlbarkeit" sind wirksamer miteinander im Austausch.
- **Mehr Menschlichkeit:** Die Beziehungen gewinnen an Stellenwert, die Bedürfnisse der Beteiligten bekommen mehr Gewicht.
- **Größere Überlebens-Chancen in der VUCA-Welt:** Wandelbarkeit und Anpassungsfähigkeit an die volatilen Anforderungen des Marktes prägen die Zusammenarbeit.

Die vier Kernaussagen des von 14 Software-Beratern entwickelten Agilen Manifests lauten: Menschen und Zusammenarbeit, ein funktionierendes Produkt, eine gute Kundenbeziehung und Kooperation sowie eine schnelle Reaktion auf Veränderung sind wichtiger als Prozesse und Werkzeuge, umfassende Dokumentation, Vertragsverhandlungen und das Befolgen starrer Pläne.

2.2 Scrum, Sprints, Kanban & Co. kurz erklärt

Agile Zusammenarbeit fußt auf einem durchdachten Regelwerk, damit das, was im Agilen Manifest so einfach klingt, tatsächlich Realität werden kann. Wer agile Arbeit im Unternehmen einführen möchte, kommt nicht darum herum, sich ausgiebiger mit diesem Regelwerk zu befassen. Für einen ersten Überblick folgt hier eine kurze Erläuterung oft verwendeter Begriffe, die im Zusammenhang mit agiler Arbeit stehen.

Scrum

Die deutsche Übersetzung des englischen Begriffes Scrum bedeutet *Gedränge*. Wenn ein neues Projekt ansteht, sind eine Vielzahl von Aufgaben zu bewältigen. Alles liegt zunächst ungeordnet auf den Schreibtischen der Verantwortlichen, die gefordert sind, in diesem Gedränge Ordnung zu schaffen. Scrum beschreibt ein Regelwerk, das dazu dient, diese Ordnung herzustellen.

Definieren von Rollen

Dabei werden **Rollen** festgelegt, die Struktur geben, wer sich um welche Aufgaben in der Projektarbeit kümmert:

- **Product Owner:** Vertritt die Interessen des Kunden und trägt dafür Sorge, dass alle Anforderungen an ein Produkt im Backlog (Aufgabenliste) festgehalten werden. Er setzt Prioritäten und organisiert die Erledigung der Aufgaben gemeinsam mit dem Scrum Team.
- **Scrum Team:** Besteht aus Entwicklern, die gemeinsam das Produkt entwickeln. Es ist selbstorganisiert und verantwortlich für die Umsetzung der Aufgaben im Backlog (Aufgabenliste).
- **Scrum Master:** Moderiert die Zusammenarbeit im Scrum-Prozess. Er sorgt dafür, dass die Scrum-Regeln und -Prak-

tiken eingehalten werden, und unterstützt das Team bei der Verbesserung seiner Arbeitsweise. Er fördert eine offene Kommunikation innerhalb des Teams und hilft bei der Lösung von Konflikten. Seine Rolle ist es, das Team zu coachen und zu befähigen, selbstorganisiert und eigenverantwortlich zu arbeiten.
- **Stakeholder:** Haben ein Interesse am Produkt oder Projekt. Sie sind Nutzer oder Kunden oder sind als Investor, Marketing-Team oder Öffentlichkeit indirekt vom Projekt betroffen.

Zusammenarbeit der Rolleninhaber

Stakeholder spielen eine wichtige Rolle, da sie das Produkt beeinflussen können. Der ständige Austausch zwischen ihnen und dem Product Owner spielt eine zentrale Rolle, um ihre Bedürfnisse und Wünsche zu berücksichtigen. Auf diese Weise kann das Team sicherstellen, dass das fertige Produkt den Anforderungen aller Stakeholder entspricht.

Es ist auch wichtig, dass die Stakeholder den Fortschritt des Teams beobachten und Feedback geben. Daher werden sie häufig zu **Sprint Reviews** eingeladen, um das fertige Produkt zu sehen und Feedback zu geben. Die Zusammenarbeit mit den Stakeholdern ist ein wesentlicher Bestandteil des Erfolgs von Scrum-Projekten.

Sprints

Ein Sprint ist ein fest definierter Zeitraum. Dabei geht es nicht um Eile oder Geschwindigkeit, wie der Begriff Sprint suggerieren könnte. Vielmehr geht es darum, innerhalb eines festen Zyklus wiederholt eine definierte Abfolge von Handlungen auszuführen. Die Dauer der Sprints ist innerhalb eines Projektes stets gleich. Im Rahmen unterschiedlicher Projektarten und Branchen können Sprints jedoch von Projekt zu Projekt eine sehr unterschiedliche Länge aufweisen. Häufig begegnen einem vierzehn Tage. In manchen Fällen können Sprints aber auch bis zu drei Monate dauern.

Prototyp entwickeln

Ziel des Sprints ist es, ein lauffähiges, potenziell auslieferbares Teil des Produkts zu entwickeln (Inkrement). Innerhalb des Sprints arbeitet das Scrum Team zusammen, um die im Sprint-Backlog festgelegten Arbeitselemente zu erledigen und das Inkrement fertigzustellen. Durch die Fertigstellung des Inkrements am Ende des Sprints erhalten die Stakeholder die Möglichkeit, das Produkt zu inspizieren und Feedback zu geben, das dann in die Planung des nächsten Sprints einbezogen werden kann. Das Ziel besteht darin, kontinuierlich wertvolle Funktionalitäten bereitzustellen und auf das Feedback der Stakeholder zu reagieren, um so ein erfolgreiches Produkt zu entwickeln.

Kanban Board

Die Aufgaben, die innerhalb eines Sprints zu erledigen sind, werden oftmals auf einem Kanban Board visualisiert. Das Board kann physisch in den Arbeitsräumen stehen oder digital für alle Beteiligten nutzbar sein. Das Board enthält Spalten, auf denen alle Projekt-Teammitglieder den Fortschritt der Aufgaben-Erledigung dokumentieren und den Gesamtüberblick behalten.

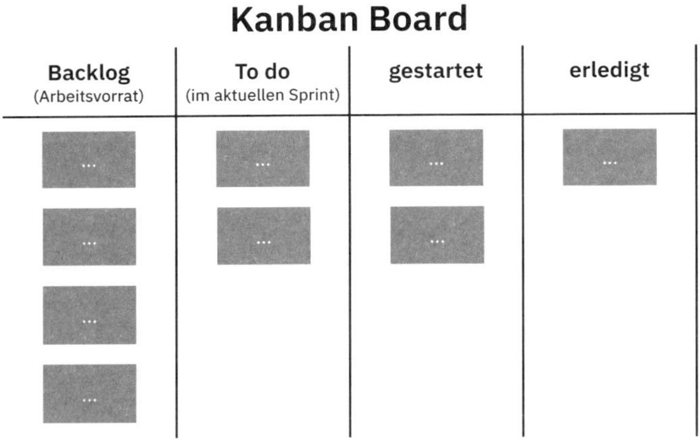

Abb. 1: Beispiel Kanban Board (eigene Darstellung)

Agiles Arbeiten beinhaltet einige wichtige Prozessschritte und Rollen. So ist Scrum ein bekanntes Regelwerk der agilen Arbeit. In Sprints (festgelegten Zeitintervallen) entwickelt das Scrum Team anhand der mit dem Product Owner priorisierten Aufgaben ein Inkrement (teilfertiges Produkt), das den Stakeholdern am Ende des Sprints vorgestellt wird. Deren Feedback fließt in den nächsten Sprint ein. Auf einem Kanban Board behält das Team den Überblick über den Fortschritt der Aufgaben. Der Scrum Master unterstützt das Team als Moderator und Konfliktlöser.

2.3 Agiles Arbeiten allein ist noch kein New Work

Das Agile Manifest enthält Kriterien, die auch im Rahmen von New Work eine Rolle spielen. Der agile Grundsatz, dass Menschen und Zusammenarbeit einen größeren Stellenwert einnehmen als Prozesse und Werkzeuge, deckt sich sehr mit dem Grundverständnis von New Work. Doch in der Realität begegnen einem auch lieblose Scrum-Projekte oder Sprints, in die viel zu viel hineingepackt wird, sodass die Menschen, die agil zusammenarbeiten, unter hohem Druck stehen. Manchmal arbeiten in Unternehmen, die nach klassischen Formen der hierarchischen Zusammenarbeit funktionieren, auch nur einzelne Teams nach agilen Prinzipien. Reibungspunkte an den Schnittstellen zur restlichen Organisation sind dadurch vorprogrammiert.

Es gibt jedoch auch Unternehmen, in denen agile Prinzipien und New Work Hand in Hand gehen. Dies gelingt, wenn die Haltung passt. Denn die Haltung hinter den Handlungen entscheidet darüber, ob die Form der Zusammenarbeit die Bezeichnung New Work im Sinne von Frithjof Bergmann oder Frederic Laloux verdient.

Unternehmensbeispiel sipgate

Als Beispiel sei hier die Firma sipgate in Düsseldorf erwähnt. Der Telefonie-Anbieter existiert seit 2004 und beschäftigt 270 Menschen. Geprägt von lebendiger, menschlicher Zusammenarbeit wollen die Menschen bei sipgate als agiler Leuchtturm wirken. Sie schreiben auf ihrer Internetseite:

„Wir sind lean und agil, mit ganzem Herzen. Bei uns gibt es keine Titel, keine Manager, keine Abteilungen, keine Gehaltsverhandlungen, keine Budgets, keine Angst, keine Überstunden. Stattdessen: Selbstverantwortung, Feedback, Lernen, Freiheit und Spaß."

Moderne Unternehmenskultur

In der Kantine trifft man sich zum hervorragenden Essen. An langen Tischen schließen die Ankommenden an den Tischen auf, sodass sich stets neue Gesprächskonstellationen am Mittagstisch ergeben. Vor den Computern sitzen die Programmierer in kleinen Grüppchen (Peer und Mob Programming) und entwickeln gemeinsam die Produkte für die Kunden. Bürohunde laufen durchs Haus, im Miniclub werden mehr als 30 Kinder betreut und wenn auch außerhalb der regulären Pause mal ein Kollege ein Nickerchen im Sitzsack macht, erstaunt das niemanden. Jeder Mensch im Unternehmen entscheidet selbst, welche Fortbildungen er besucht, und teilt sein dort erworbenes Wissen mit den Kolleginnen und Kollegen. Bei sipgate gelingt die Verschmelzung von agilen Werten mit evolutionärer Zusammenarbeit. **Hier stimmt die Gleichung: agil = New Work.**
Denn hier passt die Haltung, die den Unterschied macht.

New Work steht in einer lebendigen Wechselwirkung mit agilem Arbeiten. Beide beeinflussen sich gegenseitig und greifen ineinander.

- Das 2001 von 14 Softwareentwicklern verfasste Agile Manifest enthält vier Kernaussagen: Menschen und Zusammenarbeit sind wichtiger als Prozesse und Werkzeuge – Ein funktionierendes Produkt ist wichtiger als umfassende Dokumentation – Kundenbeziehung und Kooperation sind wichtiger als Vertragsverhandlungen – Die Reaktion auf Veränderung ist wichtiger als Pläne befolgen.
- Scrum ist ein bekanntes Regelwerk (Framework) zur Steuerung agiler Projekte. In festgelegten Intervallen (Sprints) werden teilfertige Produkte (Inkremente) hergestellt und den Stakeholdern präsentiert. Deren Feedback fließt in die Weiterentwicklung im nächsten Sprint ein. Ein Kanban Board dient zur Visualisierung des Projektfortschritts.
- Die Rollen und ihre Aufgaben im Scrum-Projekt reichen vom Product Owner über das Scrum Team, moderiert vom Scrum Master, bis hin zu den Stakeholdern als Feedbackgeber.
- Agile Arbeit und New Work beeinflussen sich gegenseitig. Eine Haltung aus Wertschätzung, Achtsamkeit und Respekt sind die Voraussetzung für New Work im Sinne von Frithjof Bergmann und Frederic Laloux.

Wieso kann Hierarchie zum Engpass werden?

Seite 40

Wie unterscheiden sich klassische Hierarchie und evolutionäre Zusammenarbeit?

Seite 43

Wie werden Rollen ohne klassisches Organigramm verteilt?

Seite 45

3. Die Hierarchie auf dem Prüfstand

Die Abbildung von Hierarchie in Unternehmen in Form von Organigrammen hat sich seit den 1920er-Jahren verbreitet. Von 1920 zu heute hat sich unsere Welt aber drastisch verändert. Die Frage drängt sich auf, ob ein Modell zur Verteilung von Verantwortung in Unternehmen, das vor 100 Jahren etabliert wurde, im Angesicht der Entwicklung heute noch zeitgemäß ist:

Automobile im deutschsprachigen Raum:
1920: wenige Tausend
Heute: etwa 50 Millionen

Aufsehenerregende **technische Errungenschaften**:
1920: Radio, TV, Flugzeug, Strom, Auto
Heute: KI, Blockchain, E-Mobilität, Robotik, 5G

Kommunikation zwischen Unternehmen:
1920: Telefon, Telegramm, Briefpost
Heute: E-Mail, Videokonferenz, Cloud-Kollaboration

Telefonanbindung der Bevölkerung:
1920: deutschsprachiger Raum: 1–2 % der Bevölkerung
Heute: weltweit über 7 Milliarden Handyverträge

3.1 Top-down-Hierarchie als Flaschenhals

In der klassischen Hierarchie haben Menschen, die weiter oben im Organigramm angesiedelt sind, mehr Macht. Damit einher geht aber auch die Pflicht, Entscheidungen zu fällen. Sie stehen unter hohem Druck, auf Basis eingeschränkter Informationen tragfähige Entscheidungen zu treffen. Die Menschen, die weiter unten im Organigramm angesiedelt sind, dürfen, auch wenn sie Intelligenz und Weitblick mitbringen, oftmals nicht oder nur bedingt an Entscheidungen teilnehmen. Damit steigt das Risiko von Demotivation und einer eingeschränkten Bereitschaft zum engagierten Mitdenken.

Berichtswege

In hierarchischen Systemen sind Verantwortungsbereiche und Kommunikationswege vordefiniert und geregelt. Angenommen, eine Personalentwicklerin hat einen Vorschlag, wie die Arbeitgeberattraktivität durch Employer Branding erhöht werden kann. Sie bespricht diesen Vorschlag mit ihrem Abteilungsleiter. Diesem gefällt die Idee und er wiederum unterbreitet den Vorschlag seiner Bereichsleiterin. Auch sie findet den Gedanken reizvoll, hat jedoch gerade andere Projekte, die sie der Geschäftsleitung für eine Budget-Entscheidung vorstellen will. Also dauert es Wochen oder gar Monate, bis der Vorschlag von der Bereichsleiterin in der Geschäftsleitung vorgetragen werden kann, denn auch die Geschäftsleitung nimmt sich nicht sofort Zeit für die Idee, da zahlreiche Vorschläge aus den unterschiedlichsten Bereichen abgewogen und verabschiedet werden müssen.

Langsame Entscheidungswege blockieren

Sei es nun die Genehmigung neuer Produktionsmaschinen, das Beschreiten eines neuen Vertriebsweges, die Genehmigung einer kostspieligen Weiterbildung oder Personalentscheidungen: Zu viele Themen landen auf den Schreibtischen und in den Entscheidungsgremien der Top-Etagen und so kommt es zwangsläufig zum Stau. In der VUCA-Welt (s. Kapitel 1.3) bedeutet dies, dass allzu oft der Wettbewerber, der vielleicht am anderen Ende der Welt sitzt, die Nase vorne hat. Langsame Entscheidungswege verhindern schnelles Reagieren auf sich rasch verändernde Marktsituationen.

Gefangen im Entscheidungsstress

Auch Führungskräfte und Manager leiden unter der Situation. Sie hecheln von Meeting zu Meeting, um Entscheidungen über Detailfragen zu treffen, deren Tragweite sie kaum überblicken. Für strategische Aufgaben und die Pflege wichtiger Geschäftskontakte bleibt ihnen wenig Zeit. Dass in diesem Entscheidungsstress Menschlichkeit und Nahbarkeit oftmals auf der Strecke bleiben, ist fast unausweichlich.

Die Hürden der Hierarchie

Berichtswege und hierarchische Strukturen nehmen darauf Einfluss, wer als bedeutsam oder weniger bedeutsam im Unternehmen wahrgenommen wird. Ich erlebe es regelmäßig, wenn ich Workshops zur Verbesserung der Zusammenarbeit moderiere, dass die Menschen an der „Basis“, wie es in der von „Hierarchie“ geprägten Denkweise heißt, selten in Entscheidungen einbezogen werden. Doch sie sind es, die von den Auswirkungen der Entscheidungen, die weit weg in den Top-Etagen gefällt werden, stark betroffen sind. Sie sind es dann, die gezwungen sind, pragmatische Lösungen zu finden, da ihre Perspektive bei der Entscheidungsfindung nicht beachtet wurde.

> In einem Technologie-Unternehmen wird ein hydraulisches Bauteil entwickelt. Der Prototyp hat funktioniert und nun kommt es zur Serienfertigung. Das Material wird beschafft, es finden komplexe Arbeitsschritte statt, es wird CNC-gefräst und oberflächenbeschichtet. Anschließend wird das Bauteil eingefettet und vorübergehend eingelagert, bevor im nächsten Arbeitsschritt Anbauteile angebracht werden. Vor der Weiterverarbeitung kommt das Bauteil zur hausinternen Waschanlage. Und hier stellt der Arbeiter, der fürs Waschen zuständig ist, fest, dass das Bauteil exakt 4,3 mm zu groß ist, damit es in der Waschanlage für Serien-Bauteile gewaschen werden kann.

Fatale Folgen

Solche Beispiele finden sich in Unternehmen zuhauf, wo Menschen der niedrigen Hierarchie-Ebenen resigniert mit den Schultern zucken, den Kopf über „die da oben“ schütteln und mehr und mehr Dienst nach Vorschrift machen, denn ihre Meinung, ob etwas funktionieren kann oder nicht, ist in Entscheidungsprozessen für gewöhnlich nicht gefragt.

Neben der Frustration der ungefragten Mitarbeitenden entsteht dem Unternehmen wirtschaftlicher Schaden. Die Auslieferung des Endproduktes verzögert sich, bis eine neue Lösung gefunden wird.

Teure Fehlentscheidungen

Neben dem materiellen und sachlichen Schaden, den Fehlentscheidungen aus dem Management nach sich ziehen, gilt es auch den zwischenmenschlichen Aspekt im Auge zu behalten.

In Zeiten von Arbeits- und Fachkräftemangel ist die Wechselwilligkeit der Mitarbeitenden besonders hoch. An vielen Ecken werden attraktive Stellen angeboten. Die Renteneintrittswelle der geburtenstarken Jahrgänge wird diese Situation bis über das Jahr 2030 hinaus stark prägen. Menschen, die häufig Frustration in ihrem Alltag erleben, lassen sich von neuen Angeboten leichter anziehen als diejenigen, die bei Entscheidungen gefragt werden und sich dadurch gesehen, ernst genommen und wertgeschätzt fühlen.

Die hierarchische Organisation von Unternehmen wird seit den 1920er-Jahren in Organigrammen dargestellt. Wer in der Hierarchie oben steht, hat die Möglichkeit, Einfluss zu nehmen, wer unten steht, wird kaum bis gar nicht gehört. Arbeitsteilung und hierarchische Strukturen kommen in der modernen Welt, die Mitdenken und schnelles Reagieren erfordert, an ihre Grenzen.

3.2 Hierarchie vs. evolutionäre Zusammenarbeit

Evolutionäre Organisationen verzichten auf statische Hierarchien. Evolution steht für organische, lebendige Entwicklung. Die Zusammenarbeit und Entscheidungswege werden immer wieder neu geformt. Sie verändern sich mit den Menschen, die eine Rolle ausfüllen, den Marktgegebenheiten, den wechselnden Anforderungen durch die Kunden, den Aktivitäten des Wettbewerbs und allen weiteren Einflussfaktoren.

Natürliche Hierarchien

New Work funktioniert nicht einfach nur durch das Weglassen von Hierarchie. In evolutionären Organisationen bilden sich stattdessen natürliche Hierarchien. Nicht derjenige, der einmal in das Amt der Führungskraft berufen wurde, trifft die anstehende Entscheidung. Entscheidungen werden von denjenigen Menschen getroffen, die über die meiste Kompetenz verfügen.

Wer die Wahl hat, hat die Macht

Wenn es in Organisationen wie Gore (bekannt durch GORE-TEX®) den Mitarbeitenden freisteht, sich die Führungskraft selbst zu suchen, kann es passieren, dass Meister, die nicht zu führen verstehen, ohne Mitarbeiter dastehen. Und das ist gut so. Denn so suchen sich die Mitarbeitenden innerhalb der Firma diejenigen Personen, die wirklich das Zeug dazu haben, ein Team zu leiten, anstatt vielleicht gefrustet die Firma zu wechseln.

Als Experte Gehör finden

In evolutionären Organisationen kommen Menschen zur Blüte, die in klassisch hierarchischen Unternehmen keine Aufmerksamkeit erhalten würden, aber aufgrund ihrer besonderen Expertise wertvoll sind. So gibt es in der Hotelkette Upstalsboom beispielsweise eine Expertin, die immer dann geholt wird, wenn Hotelgäste Ausflüge in der Umgebung machen wollen. Sie kennt sich am besten aus und kann den Gästen die wertvollsten Tipps geben. In ihrer vorrangigen Rolle ist sie im Hotel als Reinigungskraft angestellt und kümmert sich um die Sauberkeit der Zimmer.

Evolutionäre Zusammenarbeit ermöglicht, in allen Funktionen Gehör zu finden und Wertschätzung zu erfahren. Menschen werden nicht auf ihren Hauptberuf reduziert und als bedeutsam oder weniger bedeutsam abgestempelt. Stattdessen werden all ihre Talente gesehen. Sie haben die Möglichkeit, sich individuell einzubringen und neben den Routinen, auf die in der Organisation nicht verzichtet werden kann, reizvolle Aufgaben zu übernehmen.

Evolutionäre Organisationen verzichten auf statische Hierarchien und fördern die Entwicklung von natürlichen Hierarchien. Entscheidungen werden in Gruppen und von wechselnden Kompetenzträgern getroffen. Jeder kann seine persönliche Expertise einbringen, unabhängig von seiner beruflichen Rolle.

3.3 Organigramm: Rollen statt Kästchen

Durch die Industrielle Revolution und den Taylorismus wurden Organigramme zur verbreiteten Form, um Verantwortungsbereiche, Berichtswege und Abteilungen sichtbar zu machen. Doch nur weil diese Organisationsform seit rund 100 Jahren vertraut ist, heißt das noch lange nicht, dass sie den Herausforderungen der VUCA-Welt standhalten kann. Anstatt eines klassischen Organigramms organisieren sich evolutionäre Organisationen häufig in neuen Organisationsstrukturen. Anstatt Abteilungen entstehen „Zellen“ und crossfunktionale Teams.

Menschen haben dabei keine starren Positionen mehr inne, sondern schlüpfen in berufliche Rollen, die im Laufe der Zusammenarbeit variieren können und damit mehr Flexibilität und Agilität zulassen.

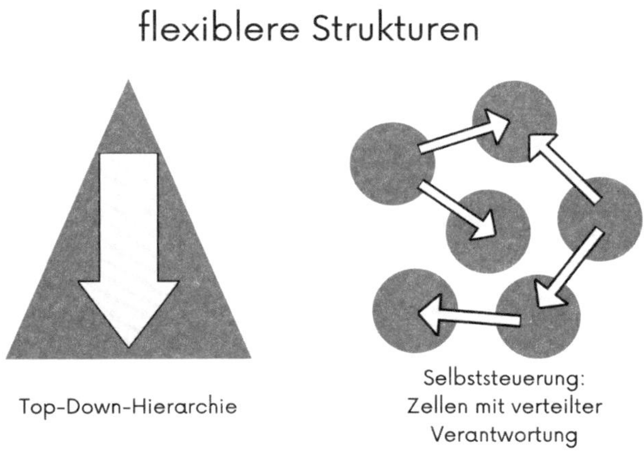

Abb. 2: Hierarchie vs. Zellen (nach Dina Sterzenbach)

Ungleiche Verteilung von Macht

In den starren Kästchen des klassischen Organigramms stehen an der Spitze wenige Menschen mit viel Verantwortung und Entscheidungsmacht. Nach unten wird die Zahl der Menschen größer und deren Möglichkeit zur Einflussnahme und Mitsprache nimmt ab.

Macht hat Einfluss auf die Zusammenarbeit. Von Sätzen wie

- *„Ich sag mal lieber nichts, mich fragt ja sowieso keiner"*

oder

- *„Das überlassen Sie bitte mir, wie ich das entscheide"*

höre ich auch heute noch oft genug in meinen Beratungsprojekten.

Hierarchie behindert Feedback

Im ungünstigsten Fall wird hierarchischer Einfluss ausgenutzt, um eigene Interessen durchzusetzen. Auch passiert es, dass sich Menschen nicht nur fachlich, sondern auch persönlich abwertend über andere Menschen stellen. Gelegentlich erlebe ich, dass besonders dominante Führungskräfte sich gar nicht darüber bewusst sind, wie stark ihr wenig konstruktiver Einfluss auf die Teammitglieder sein kann. Denn Hierarchie erschwert jegliches Feedback von unten nach oben. Können Sie sich eine Pflegekraft vorstellen, die dem Oberarzt jovial auf die Schulter klopft und sagt: „Das haben Sie wirklich großartig gemacht, ich bin stolz auf Sie"? Umgekehrt funktioniert die Szene sofort. Die ranghöhere Person entscheidet, wen sie lobt oder tadelt. Im entgegengesetzten Fall ist das deutlich schwerer vorstellbar bis unmöglich.

Beförderung aus falschen Gründen

Klassische Hierarchien bringen häufig den ungünstigen Effekt mit sich, dass eine reine Fachkarriere ohne Führungsverantwortung nur unzureichend honoriert wird und daher weniger attraktiv ist. Somit bewerben sich Fachexperten um Führungspositionen, auch wenn sie nicht die geeignete Besetzung für eine Führungsfunktion sind. Da man Experten aufgrund ihrer Fachkompetenz im Unternehmen halten möchte, bleibt in klassisch hierarchischen Unternehmen oft keine andere Wahl als die Beförderung in die Führungsrolle mit entsprechender Gehaltserhöhung, um damit die Bindung ans Unternehmen sicherzustellen.

> Die Firma sipgate beschreibt auf ihrer Internetseite ausführlich, wie sie mit dem Lean Salary Framework eine stimmige Lösung für eine faire und transparente Entlohnung gefunden hat und dabei unterschiedliche Karrierewege berücksichtigt.*

Stärken entscheiden über Stellenbesetzung

Für starre Positionen im Organigramm lassen sich Stellenbeschreibungen anfertigen. Verlässt eine Person das Unternehmen, bleibt die Stellenbeschreibung erhalten. Eine neue Person wird gesucht, welche auf die Stellenbeschreibung passt. Rollen in der New-Work-Kultur funktionieren anders. In den Fachbereichen oder Teams hängt es an der Persönlichkeit der Menschen, wie sie Aufgaben, die für das Vorankommen des Unternehmens erforderlich sind, untereinander aufteilen. Je besser Menschen ihre Stärken und

* https://sipgate.medium.com/so-zahlen-wir-6251ec42205a

Neigungen kennen, desto stimmiger können sie sich für die Übernahme der Rollen anbieten, die am besten zu ihnen passen und die sie mit ihren Stärken besonders wirkungsvoll ausfüllen können.

Rollen sind flexibel

Verlässt eine Person das Team, gehen gleichzeitig mit ihr ihre ganz ureigenen Stärken. Kommt eine neue Person ins Team, kommen neue Erfahrungen und Skills hinzu, sodass es sinnvoll ist, Rollen neu zu verteilen. Niels Pfläging und Silke Hermann bringen es in ihrem Buch *Komplexithoden* mit der Aussage auf den Punkt: „Die Rolle ist eine Funktion, die am Menschen haftet."

Rücksichtnahme ist wichtig

Es ist möglich, dass eine Person verschiedene Rollen übernimmt oder bestimmte Rollen durch mehrere Personen ausgefüllt werden. Personenorientierte Rollenverteilung gelingt am besten in einer Kultur, die von gegenseitiger Rücksichtnahme geprägt ist. Alle brauchen außerdem ein Verständnis über die Sinnhaftigkeit und die Auswirkungen ihrer Handlungen. Andernfalls kann es passieren, dass besonders engagierte Teammitglieder in kürzester Zeit überfordert sind, weil sie sich zu viele Aufgaben aufbürden. Oder es kann passieren, dass wichtige Aufgaben liegen bleiben und wie heiße Kartoffeln, die niemand anpacken will, von einem zum anderen geschoben werden.

Stärkenorientierung

Auch wenn kein reines Rollenmodell gewählt wird, kann Stärkenorientierung zu einer menschenorientierten Unternehmenskultur beitragen. Für Robert Jabin, der lange Jahre als Personalleiter bei der Hotelkette Upstalsboom (bekannt für die „Die stille Revolution“) arbeitete, zählt Stärkenorientierung zu den wichtigen Schlüsselfaktoren von New Work. Er berichtet, dass so beispielsweise ein Koch ins Controlling oder eine Dame vom Housekeeping an den Empfang wechseln konnte.

Durchlässigkeit

Bei meinem früheren Arbeitgeber, dem Käsehersteller Hochland, habe ich selbst die Durchlässigkeit und erwünschte Wechselkultur sehr begrüßt. Alle offenen Stellen werden zunächst intern ausgeschrieben, bevor sie öffentlich gemacht werden. Wenn ein engagierter Arbeitnehmer das Unternehmen verlässt, gibt es deutliche Signale, dass seine Rückkehr erwünscht ist, wovon immer wieder auch Gebrauch gemacht wird. Auch das ist eine sinnvolle Strategie, um dem Fachkräftemangel entgegenzuwirken.

Was passt zu mir?

Bei der Frage, was genau sind denn meine Stärken und wo passe ich am besten hin, hilft das Werkzeug der Persönlichkeitsanalyse. Analysetools wie Insights Discovery, Profilingvalues oder CliftonStrengths, die meine Kolleg*innen und ich in unseren Beratungsprojekten einsetzen, vermitteln Menschen schnell ein sehr konkretes Bild, von welchen

Tätigkeiten sie lieber die Finger lassen sollten, weil diese sie auf Dauer aufreiben würden, und in welchen Rollen sie ihre Potenziale stimmig zur Entfaltung bringen können.

Die klassische Top-down-Hierarchie mit festen Organigrammen, die sich ab den 1920er-Jahren in Unternehmen verbreitet haben, ist statisch und unflexibel. Die Machtverteilung von oben nach unten ist problematisch. Überforderung der Führungskräfte, Silodenken und eine „Mir egal"-Haltung bis hin zur inneren Kündigung der unteren Ebenen sind unangenehme Begleiterscheinungen.

- Um auf die rasanten Veränderungen in einer volatilen Welt rasch und angemessen zu reagieren, braucht es die Intelligenz und Entscheidungsfreude aller Beteiligten.
- Evolutionäre Unternehmen organisieren ihre Teams eher in dynamischen Zellen und crossfunktionalen Teams.
- Dort entstehen wechselnde, natürliche Hierarchien, die sich situationsbezogen verändern können. Führungsverantwortung ist nicht länger die einzige Möglichkeit, um Karriere zu machen.
- Die Menschen prägen mit ihren jeweiligen Stärken die Rollen, die sie im Unternehmen einnehmen. Persönlichkeitsanalysen können die Menschen dabei unterstützen, herauszufinden, welche Rollen wirklich zu ihnen passen und wo sie ihre Arbeitskraft mit größtmöglicher Erfüllung einsetzen können.
- Auch unter Beibehaltung formaler Hierarchie können New-Work-Elemente wie der stärkenorientierte Einsatz der Mitarbeitenden gefördert werden.

Weshalb ist psychologische Sicherheit unerlässlich?

Seite 54

Wie gelingen Selbststeuerung im Team und Zusammenarbeit ohne Hierarchie?

Seite 58

Wie finden Menschen Orientierung mithilfe von Werten, Vision und Mission?

Seite 64

4. Drei wirksame Stellhebel für New Work

New Work bietet ein weites Feld an Möglichkeiten, die Kultur der Zusammenarbeit zu verändern. Frederic Laloux hat auf der Basis von zwölf Unternehmen, die er für sein Buch *Reinventing Organizations* untersuchte, drei besonders wirksame Stellhebel identifiziert, die für ihn evolutionäre Organisationen kennzeichnen: **Ganzheit, Selbststeuerung und Sinn** (bei Laloux heißen sie: Ganzheit, Selbstführung und evolutionärer Sinn).

In einem Umfeld, das von psychologischer Sicherheit geprägt ist, wird es möglich, dass sich Menschen mit ihrer **Ganzheit**, ihrer Leidenschaft und Offenheit einbringen. So entsteht die Bereitschaft, zu experimentieren, dabei Fehler zu machen, aus diesen Fehlern zu lernen und sie mit dem Kollektiv zu teilen, sodass alle daran wachsen können.

Ein Beratungsprozess macht **Selbststeuerung** möglich. So können Einzelne und Teams in Eigenverantwortung, ohne Machteingriff „von oben", treffsichere Entscheidungen treffen.

Die Werte, Vision und Mission eines Unternehmens vermitteln den **Sinn**, der Menschen zusammenschweißt und sie gemeinsam nach einem höheren Ziel streben lässt.

4.1 Ganzheit: Psychologische Sicherheit als Basis

Laut dem Bundesverband der Betriebskrankenkassen (BKK) haben sich die Fehlzeiten durch psychische Erkrankungen in Deutschland zwischen 2000 und 2019 mehr als **verdreifacht**. 2000 betrug die Zahl der psychisch bedingten Krankheitstage 4,1 Millionen Tage: 2019 waren es bereits 18,1 Millionen Tage.

Das Arbeitsumfeld ist nicht allein für diese Entwicklung verantwortlich. Doch durch hohe Arbeitsbelastung und psychischen Druck erhöht sich die Wahrscheinlichkeit, „umzukippen" und für lange Zeit nicht mehr arbeitsfähig zu sein.

Verpflichtende Gefährdungsbeurteilung

Seit 2013 sind alle Unternehmen in Deutschland verpflichtet, eine Gefährdungsbeurteilung psychischer Belastungen durchzuführen (§ 5 des Arbeitsschutzgesetzes, ArbSchG). Werden Gefährdungen erkannt, besteht die Pflicht, Maßnahmen zu ergreifen, um vermeidbare Belastungen abzustellen. Zu den Kriterien der psychischen Gefährdungsbeurteilung zählen (Auszug):

- Arbeitsinhalte und -aufgabe: z. B. Arbeitspensum und Methode
- Arbeitsorganisation: z. B. Arbeitszeiten und Arbeitsdruck
- Team und Kollegen: z. B. Konflikte, Zusammenarbeit mit Führungskräften

Psychologische Sicherheit

Psychologische Sicherheit bedeutet, einen wertschätzenden Umgang zu pflegen, der jedem Menschen seine Würde lässt. Voraussetzungen dafür sind ein respektvolles Miteinander und frühzeitige, konstruktive Konfliktklärung. Es gilt, ein Umfeld zu schaffen, das frei von herablassender Kommunikation, Mobbing, unangemessenem Druck und mangelnder Wertschätzung ist.

Merkmale einer psychologisch sicheren Arbeitsumgebung sind:

- Kommunikation und Zusammenarbeit auf Augenhöhe, unabhängig von Qualifikation/beruflicher Rolle.
- Achtsamer Umgang mit der Belastungsfähigkeit des Einzelnen. Aufträge sind innerhalb der Regelarbeitszeit bewältigbar. Mehrarbeit ist die Ausnahme.
- Wertschätzender Umgang, geprägt von konstruktivem Feedback und offener Kommunikation. Konflikte werden zeitnah angesprochen und geklärt.

Fehlerkultur / „Safe to fail“

Psychologische Sicherheit ist unerlässlich für eine gesunde Fehlerkultur. Menschen sind fehlbar. Niemand ist gefeit davor, dass in der Hektik des Alltags etwas danebengeht. In der Überfülle an Kommunikation gehen Informationen unter, Missverständnisse entstehen und Prioritäten werden unterschiedlich verstanden.

Je angespannter die Stimmung im Arbeitsumfeld ist, desto weniger werden Menschen bereit sein, Fehler offen einzugestehen. Doch wenn Pannen schnell bemerkt und selbstkritisch mit anderen geteilt werden, können alle Betroffenen im Umfeld daraus lernen.

Alle profitieren von einer gesunden Fehlerkultur:

- Der einzelne Mensch gewinnt nach einem kurzen Schreck seine Fassung zurück und kann ohne unnötige Stresshormone im Körper weiterarbeiten.
- Führungskräfte und betroffene Personen im Umfeld erfahren schnell, wenn etwas schiefgelaufen ist, und haben die Möglichkeit zu reagieren.
- Wirtschaftlicher Schaden für das ganze Unternehmen wird zügig eingedämmt.
- Kunden werden davon verschont, dass vertuschte Fehler erst bei ihnen offensichtlich werden.

Eine Fehleranalyse verhindert Fehlerwiederholung:

Fehlerursache	**Sollzustand** Handlungsmöglichkeiten
Unqualifiziert Informationen fehlen Unzureichende Einarbeitung	**Qualifiziert** • Informationsfluss verbessern • Schulungen organisieren • Gut einarbeiten
Unaufmerksam Persönliche oder betriebliche Gründe sind Ursache der Unaufmerksamkeit	**Aufmerksam** • Prüfen, ob persönliche Voraussetzungen erfüllt sind (Talent; Möglichkeit, Stress abzubauen) • Ablenkung, Unterbrechungen und störende Reize reduzieren
Unverbindlich Person hält sich nicht an vereinbarte Regeln	**Verbindlich** • Den Sinn von Regeln und Vorgaben vermitteln • Konstruktives Feedback geben • Regeln hinterfragen und ggf. stimmigere Regeln vereinbaren

Ganzheit heißt, auch Schwächen zuzulassen

Wir Menschen sind lebende Organismen. Unsere Tagesform variiert und unser Privatleben steht nicht still, während wir unserer Arbeit nachgehen. Viele Arbeitsumgebungen verlangen ein reibungsloses Funktionieren. Der Mensch wird mancherorts wie ein Zahnrad betrachtet, das in der Maschine zu funktionieren hat. Ist das Zahnrad abgewetzt und läuft nicht mehr rund, wird es ersetzt. Solch ein mechanistisches Umfeld birgt große Risiken, Schwächen zu zeigen. Wer möchte schon Gefahr laufen, ausgetauscht zu werden? Doch Menschen haben Schwächen. Wir durchleben Phasen mit Kindern, pflegebedürftigen Eltern, Krankheit und Schicksalsschlägen. Dies hinterlässt Spuren und kostet Kraft. Wer soll es dauerhaft durchhalten, dies zu übertünchen und eine heile Welt vorzugaukeln? Ganzheit bedeutet, all dies offen zeigen zu können.

Blick ins Private

Seit den Corona-Lockdowns haben Menschen, die einer Bürotätigkeit nachgehen, bei Videokonferenzen ein wenig die Türen in ihr Privatleben geöffnet. Kleine Kinder oder Haustiere nehmen wenig Rücksicht darauf, ob Mama, Papa, Herrchen oder Frauchen gerade arbeiten und ob sie in der Firma eine „wichtige“ Funktion innehaben.

Rücksicht fördert den Zusammenhalt

Wenn Menschen vertrauensvoll und frei von Maskerade zusammenarbeiten, bekommt ihr Zusammenspiel eine neue Qualität. So werden Modelle möglich, die mehr Rücksicht auf die Bedürfnisse von Familien nehmen und damit eine hohe Anziehungskraft auf Arbeitnehmer ausüben. Konfliktpotenzial wird geringer, wenn ich weiß, dass ein Kollege einen schweren Verlust betrauert oder mit den Nachwirkungen einer Trennung zu kämpfen hat. Um Hilfe zu bitten und Probleme gemeinsam zu lösen, statt mit reduzierter Kraft im Alleingang, wird in einem psychologisch sicheren Umfeld zur Selbstverständlichkeit.

Die psychische Gefährdungsbeurteilung ist in Deutschland seit 2013 Pflicht für alle Unternehmen. Gestalten Unternehmen ein Umfeld, das den Mitarbeitenden psychologische Sicherheit bietet, ist dies die Voraussetzung dafür, dass Menschen sich in ihrer Ganzheit, frei von Maskerade, einbringen. Eine gesunde Fehlerkultur fördert Experimentierfreude und kollektives Lernen.

4.2 Selbststeuerung: Beratungsprozess als Schlüssel

Teams brauchen Führung. Entscheidungen brauchen ein klares Ja oder Nein. Ohne klassische Hierarchie oder Führungskräfte, die mit der zentralen Entscheidungsmacht ausgestattet sind, braucht es neue Lösungen.

Selbststeuerung

Zusammenarbeit auf Augenhöhe ist ein Schlüsselelement von New Work. Erwachsene Menschen sind klug genug, weitsichtige Entscheidungen zu treffen. Dafür benötigen sie Informationen und Handlungsspielraum. Wird Selbststeuerung konsequent in Unternehmen gelebt, haben alle Mitarbeitenden die Möglichkeit, Entscheidungen zu fast allen Unternehmensbelangen zu beeinflussen oder selbst zu treffen.

Gegenseitige Führung ohne Kontrolle

Selbststeuerung setzt Vertrauen und Selbstverantwortung voraus. Da alle aufeinander schauen, braucht es keine Führungskräfte, die als Kontrollinstanz darüber wachen, ob die richtigen Entscheidungen getroffen werden. Die Teammitglieder führen sich gegenseitig. Mal ist die eine Kollegin tonangebend, mal ein anderer Kollege. Wann dieser Wechsel stattfindet, hängt von den aktuellen Inhalten und Kompetenzen der Beteiligten ab.

Die 10 Prinzipien der Selbststeuerung

Die wichtigsten Erkenntnisse, wie Selbststeuerung gelingt, lassen sich (inspiriert von Frederic Laloux' ausführlichen Recherchen) in diesen 10 Prinzipien zusammenfassen:

1. Vertrauen vs. Kontrolle
2. Kein mittleres Management
3. Keine „Vorgesetzten“ (Mitarbeiter stimmen mit den Füßen ab)
4. Niemand hat Macht über andere Menschen
5. Jeder kann Entscheidungen treffen oder beeinflussen
6. Entscheidungen nur mit Beratungsprozess
7. Rollen statt Organigramm und Stellenbeschreibung

8. Unterstützungsfunktionen verteilt auf Talente und Teams (80 % eigentliche Arbeit, 20 % Arbeitsgruppe)
9. Keine Verkaufsziele
10. Wissensaustausch

Intrinsische Motivation

Manche Punkte mögen Sie irritieren. Doch Menschen, die sich voll verantwortlich für ihre Tätigkeit fühlen, da sie mit dieser Verantwortung ausgestattet sind, brauchen keinen äußeren Ansporn wie Verkaufsziele. Sie bemühen sich aus tiefer, innerer Motivation für die Firma und für ihre Kolleginnen und Kollegen, den bestmöglichen Job zu machen.

Wenn Unterstützungsfunktionen, die sonst nur in der Firmenzentrale zu finden sind, in Arbeitsgruppen auf alle aufgeteilt werden, steigt die Motivation in den Teams. Silos und Wasserkopf-Verwaltungen verschwinden damit ganz von selbst.

Beispiel 1: Katalysatoren als Ansprechpartner

Im Buch *Chef sein? Lieber was bewegen!* beschreiben Stephan Heiler und Gebhard Borck die Transformation von Heiler Glas, einem Hersteller von Glasduschen, zum hierarchiefreien Unternehmen. Dort übernehmen Personen zusätzlich zu ihren Fachaufgaben die Unterstützungsfunktion des sogenannten „Katalysators“. Die Katalysatoren sind in Moderationstechniken geschult und unterstützen Teams bei der Entscheidungsfindung. Sie gestalten Gesprächsrunden und halten Ergebnisse fest. Wenn Menschen in dieser Rolle agieren, sind sie selbst nicht am Entscheidungsprozess beteiligt, um zu vermeiden, dass sich „durch die Hintertür" doch wieder formale Führungsrollen einschleichen.

Beispiel 2: Benediktinische Runde

In welchem Maß Hierarchiefreiheit gelebt und die Verantwortung an Mitarbeitende gegeben wird, gestalten Unternehmen sehr unterschiedlich. In der Hotelkette Upstalsboom, bekannt durch den Dokumentarfilm „Die stille Revolution", werden Aufgaben aus dem Management an Mitarbeitende übertragen. Um die Aufgabe zu erfüllen, holen diese sich Rat von beteiligten Kolleginnen und Kollegen ein. Für den Abschluss von Entscheidungen erfolgen „benediktinische Runden". Hier sprechen die Beteiligten im Monolog und alle hören zunächst zu, um anschließend auf das Gesagte einzugehen. Auch können Führungskräfte ihr Entscheidungsrecht für bestimmte Fragestellungen an Mitarbeitende oder Auszubildende übertragen. Bei Upstalsboom ist es ein großes Anliegen, die Schwarmintelligenz der ganzen Belegschaft zu nutzen.

Zwei Fallen

Was nicht funktioniert und jede Organisation in ihrer Entscheidungsfähigkeit lähmen würde, sind folgende zwei Fallen bei hierarchielosen Entscheidungsprozessen:

- **Konsensfindung**
  Beim Versuch, alle Beschlüsse einstimmig zu treffen, kommen Prozesse zum Erliegen. Endlose Diskussionen führen ins Nirgendwo. Es entstehen Ohnmacht, Patt-Situationen und die Verschleppung von Entscheidungen.

- **Mehrheitsentscheidungen**
  Die Mehrheit hat nicht immer recht. Wenn einzelne Fachleute mit tiefer Ahnung von der Materie von vielen ohne Fachkenntnisse überstimmt werden, verwässert die Qualität der Ergebnisse. Fehlentscheidungen sind damit Tür und Tor geöffnet.

Beratungsprozess
Evolutionäre Organisationen haben für die Entscheidungsfindung in selbststeuernden Teams kluge Systeme entwickelt, die auf Selbstverantwortung und Beratung durch die Kolleginnen und Kollegen setzen. Frederic Laloux beschreibt diesen Prozess ausführlich in *Reinventing Organizations*.

Elemente des Beratungsprozesses:
- Jeder hat die Macht, Entscheidungen zu treffen oder zu beeinflussen.
- Voraussetzung: Wissens- und Erfahrungsträger werden um Rat gefragt.
- Von der Entscheidung Betroffene müssen einbezogen werden.
- Jeder Beteiligte bekommt eine **angemessene** Stimme (nicht die gleiche).
- Verantwortung bleibt bei der Person, welche die Entscheidung trifft.

Durch den Beratungsprozess entsteht ein System, das sich selbst reguliert. Wer eine Entscheidung trifft, muss sich für die Konsequenzen vor seinen Kolleginnen und Kollegen verantworten. Eine Entscheidung darf in manchen New-Work-Organisationen auch dann getroffen werden, wenn sie einer Expertenmeinung widerspricht.

Timeboxing

Bei QualityMinds, einem agil arbeitenden Unternehmen für Softwaretesting, arbeiten zahlreiche Consultants. Braucht ein Team Unterstützung bei der Entscheidungsfindung, lädt es eine moderationserfahrene Person eines anderen Teams ein, um den Prozess zu begleiten. Mit konsequentem Timeboxing (Einhalten straffer Zeitvorgaben) behalten Diskussionen den Fokus und die Beteiligten kommen zügig zum Wesentlichen. Die Teamleads bei QualityMinds üben selbst keine Entscheidungsmacht in den Teams aus. Sie unterstützen vielmehr durch die Weitergabe ihres Gesamtüberblicks und übernehmen eher eine Wegweiser- und Coachingfunktion.

Selbststeuerung und auf mehrere Schultern verteilte Verantwortung gelingt besonders wirkungsvoll mithilfe des Beratungsprozesses, bei dem Kompetenzträger und alle Betroffenen um Rat gefragt werden. Moderation und Timeboxing sind hilfreiche Methoden, um in Entscheidungsprozessen gemeinsam zielführend auf den Punkt zu kommen.

4.3 Sinn: Werte, Vision und Mission als Leitstern

Unternehmen unterscheiden sich stark voneinander. Je klarer ihr Wesenskern und ihre innere Identität geschärft und ausformuliert sind, desto stärker wird ihre Strahlkraft. Diese Ausstrahlung wirkt anziehend und gibt potenziellen Kunden und zukünftigen Arbeitnehmern Sicherheit, worauf sie sich einlassen. Nach innen stärkt sie den Zusammenhalt und die gemeinsame Ausrichtung, um energievoll an einem Strang zu ziehen.

- Was ist der Sinn des Unternehmens?
- Wonach streben wir?
- Wofür lohnt es sich, jeden Tag zur Arbeit zu gehen?

Wenn diese Fragen neben angemessener Bezahlung gut beantwortet sind, entstehen Sog und Ansporn.

Purpose

Im Gedankengut von New Work stehen Purpose und Sinnerfüllung nicht ausschließlich für den Unternehmenszweck, sondern auch für einen gesellschaftlichen Beitrag. Was ist das „Why“, von dem alle profitieren, die mit Menschen, Dienstleistungen und Produkten des Unternehmens in Kontakt kommen?

Werte

Unternehmenswerte haben ihren Ursprung beim Antrieb und den Motiven der Gründer. Durch die Inhaber und Geschäftsführer werden sie maßgeblich geprägt und durch die gesamte Belegschaft beeinflusst.

⇨ **Unternehmenswerte beschreiben, wer wir sind und wie wir zusammenarbeiten wollen.**

Es lohnt sich, die Unternehmenswerte in Form von Unternehmensleitlinien niederzuschreiben, da diese eine starke Orientierung geben. Jedoch nur, wenn sie aus tiefer Überzeugung und ehrlicher Motivation formuliert – und dann auch im Alltag gelebt – werden. Sie sind umso glaubwürdiger, wenn es ein erkennbares Ringen darum gibt, nach diesen Werten zu leben, dafür einzustehen und sie zu verteidigen.

Ein Prozess für alle

Hüten sollte man sich davor, Unternehmenswerte von anderen Firmen abzuschreiben oder nur auf Geschäftsleitungsebene Werte vorzugeben, nach denen sich alle im Unternehmen zu richten haben. Ein Werteverständnis zusammen mit der Belegschaft zu entwickeln und niederzuschreiben ist ein Prozess, der Austausch und Auseinandersetzung braucht. Ist dieser Prozess jedoch vollzogen, haben sichtbare Unternehmenswerte eine hohe Wirkung zur Identitätsbildung und gemeinsamen Ausrichtung wie an einer Kompassnadel. Sie dienen dann als Anleitung, das tägliche Miteinander immer wieder neu an diesen Werten auszurichten.

Unternehmensvision

In der Vision findet sich das übergeordnete, größere Ziel wieder.

⇨ **Die Unternehmensvision beschreibt, wohin die Organisation strebt und was sie in den kommenden Jahren erreichen will.**

Eine kraftvolle Vision ...

- wirkt nur, wenn sie glaubwürdig ist und von der Geschäftsleitung vorgelebt wird.
- muss eine emotionale Wirkung haben und diejenigen ansprechen, die man erreichen möchte. Menschen sollten sich davon angezogen fühlen und sich aktiv daran beteiligen wollen.
- gibt eine klare Richtung vor, ohne dabei zu detailliert zu sein. Sie soll als Leitstern dienen und Orientierung bieten.
- ist ein zukunftsgerichtetes Bild, das inspiriert und motiviert, so wie Martin Luther Kings berühmter Satz „I have a dream".
- darf nicht beliebig austauschbar sein.
- ist zeitlich offen, ohne ein festes Enddatum oder eine Deadline. Sie sollte langfristig relevant bleiben.
- muss transparent sein und permanent kommuniziert werden.
- drückt einen klaren Kundennutzen aus, indem sie eine Verbesserung der aktuellen Zustände beschreibt und einen signifikanten Mehrwert bietet.

Dadurch wird sie für viele Menschen erstrebenswert und kann als Grundlage für Engagement und Innovation dienen.

Mission

Die Mission ist die praktische gegenwärtige Handlungsanleitung für alle Mitarbeitenden und formuliert das Versprechen an die Kunden.

⇨ **Die Mission beschreibt, wie die Vision erreicht werden soll.**

Eine wirksame Mission erfüllt folgende Punkte:

- Die Zielgruppe ist identifiziert und analysiert. Die Mission ist ansprechend für diese Gruppe formuliert.
- Die Kernkompetenzen des Unternehmens sind geklärt. Die Mission baut auf den Stärken des Unternehmens auf.
- Der Nutzen, den das Unternehmen seinen Kunden bieten will, ist definiert und klar erkennbar.
- Eine Analyse des Marktes und der Wettbewerber bietet die Basis für ihre Wirksamkeit.
- Die Unternehmenswerte und die Vision bilden die Basis für die Mission und geben eine klare Richtung und Orientierung.
- Die Formulierung ist klar und prägnant und dadurch für alle Beteiligten verständlich.
- Die Mission wird regelmäßig überprüft und angepasst. Dadurch bleibt sie bedeutsam und aussagekräftig.

Wie hängt alles zusammen?
In Organisationen, die auf Selbststeuerung setzen, ist es zudem elementar, allen Menschen in der täglichen Arbeit die **Sinnzusammenhänge** zu vermitteln und zugänglich zu machen.

Beispielsweise:
- Wie werden Informationen von anderen Personen weiterverarbeitet?
- Welche Auswirkungen hat es, wenn ich Informationen unvollständig oder zu spät liefere?
- Welche Konsequenzen hat das beim Kunden?

Wenn Menschen das größere Ganze verstehen, können sie die Tragweite ihrer Handlungen einschätzen und durch eigenständiges Denken zu besseren Lösungen kommen.

Die wirksamsten Stellhebel zur Gestaltung einer New-Work-Kultur sind: Ganzheit, Selbststeuerung und Sinn.
- Ganzheit: In einem psychologisch sicheren Umfeld tauen Menschen auf und zeigen sich mit all ihren Facetten. Dies ist die Voraussetzung, um in einer volatilen Welt mutig Neues auszuprobieren. Wenn Fehler offen eingestanden werden, lernen alle daraus. Die psychische Gefährdungsbeurteilung, die für alle deutschen Unternehmen verpflichtend ist, gibt Orientierung über alle relevanten Handlungsfelder.

- Selbststeuerung: Der Beratungsprozess hilft dabei, Entscheidungsmacht auf alle zu verteilen. Da Kompetenzträger und alle Betroffenen vor einer Entscheidung um Rat gefragt werden, sinkt das Risiko von Fehlentscheidungen, Widerstände verschwinden. Moderation und Timeboxing sind Voraussetzung für konstruktive Klärungsprozesse.
- Sinn: Ein klarer Leitstern gibt die gemeinsame Richtung vor: Um den übergeordneten Sinn zu definieren und für alle transparent zu machen, helfen gemeinsam definierte Unternehmenswerte, eine starke Vision und eine Mission, die auf die Zielgruppe des Unternehmens zugeschnitten ist. Außerdem braucht es für wirkungsvolle Selbststeuerung stets Klarheit über die Sinnzusammenhänge von Arbeitsschritten, damit intrinsische Motivation entstehen kann.

Wie gelingen Zielvereinbarungen und Monitoring in einer New-Work-Umgebung?

Seite 72

Wie kann man den gegenseitigen Austausch fördern und Besprechungen reduzieren?

Seite 76

Wie anfangen? Von oben oder unten?

Seite 80

5. New Work in der Praxis

New Work ist kein Selbstzweck oder „Kuschelkurs" für die Belegschaft. Es geht um Zusammenarbeit und das Erwirtschaften eines echten Mehrwerts für die Beteiligten. Eine New-Work-Kultur herzustellen, erfordert einen gewissen Aufwand. Diesen auf sich zu nehmen, muss sich für Unternehmer lohnen.

Mit Objectives and Key Results (OKR) steht eine Methode zur Verfügung, die das Setzen und Erreichen von Zielen bei verteilter Verantwortung unterstützt. Sie schafft Transparenz über den Fortschritt und kann sogar zu höchst dynamischen Entwicklungen beitragen.

Führungskräfte und Projektbeteiligte leiden in der klassischen Zusammenarbeit an chronischem Zeitmangel für Wesentliches. Eine Ursache dafür ist die Überfülle an Meetings und Abstimmungsprozessen. Interessante Lösungen für dieses Dilemma lassen sich bei der Barcamp-Kultur abschauen.

Manchmal warten die Mitarbeitenden nicht darauf, dass New Work aus dem Management initiiert wird. Graswurzelbewegungen wie Working Out Loud laden Menschen zur eigenverantwortlichen Vernetzung ein und fördern Erfahrungs- und Wissensaustausch.

5.1 Ziele und Monitoring mit OKRs

Unternehmen und Organisationen brauchen neben einer Vision auch eine Strategie, wie diese Vision erreicht werden kann. Um in einer New-Work-Kultur Ziele zu vereinbaren, die sich an der Strategie orientieren, hat sich der OKR-Prozess bewährt. OKR steht für Objectives and Key Results. Die Methode wurde von Andy Grove bei Intel ins Leben gerufen. John Doerr hat Google mit dem Einsatz von OKRs zu seiner weltumspannenden Marktmacht verholfen.

OKRs haben den Charme, dass sie sowohl eine abgestimmte Ausrichtung an gemeinsamen Zielen fördern als auch Transparenz schaffen und Monitoring ermöglichen. Je mehr Verantwortung im Unternehmen verteilt wird, desto wichtiger wird der Überblick. Agilität und Mitbestimmung dürfen nicht in Wildwuchs und Willkür enden.

Regelmäßige Anpassung

Gemeinsam vereinbarte Objektives (qualitative Ziele: Was wollen wir erreichen?) und Key Results (quantitative Schlüsselergebnisse: Wie wollen wir die Ziele erreichen?) sorgen für Klarheit und Stringenz. Trotzdem bleiben Unternehmen damit flexibel, da OKRs meist in Quartalszyklen vereinbart werden und dadurch eine stetige Anpassung an Veränderungen möglich ist. Sie bringen Agilität ins Unternehmen und fördern Kommunikation und Selbststeuerung.

Vereinbarung von Zielen

OKRs bringen den strategischen Überblick aus dem Management und die praktische Erfahrung aus der Belegschaft zusammen. Daher werden auf beiden Ebenen OKRs vereinbart, miteinander abgestimmt und verhandelt. Günstig ist es dabei, dass die Geschäftsleitung ihre Quartalsziele vorab definiert und die Unternehmensbereiche und Teams darauf aufbauend ihre Quartalsziele ableiten. So beeinflussen sich die Ziele gegenseitig. Bei einer Vorgabe von rund 40 Prozent aus dem Management bleibt auf Fachbereichs- und Teamebene ausreichend Spielraum für praxisnahes Feintuning, das der Realität in den jeweiligen Arbeitsbereichen gerecht wird. Da so zahlreiche Vorschläge aus der Belegschaft ins Management getragen werden, kann kein Elfenbeinturm entstehen, wo Manager fernab von jeder Bodenhaftung einsame und realitätsferne Entscheidungen treffen würden.

OKR-Sets

Ein OKR-Set enthält jeweils ein Objective und bis zu fünf Key Results.

Pro Fachbereich oder Team werden pro Quartal drei bis fünf Objectives vereinbart, die zur Strategie und Vision des Unternehmens passen. Mit maximal fünf Key Results werden Schlüssel-Parameter beschrieben, die eine genaue Messung der Zielerreichung ermöglichen.

Beispiel: Objective

Wir schaffen die Voraussetzungen, um eine psychologisch sichere Arbeitsumgebung nicht nur von unserem Bauch-

gefühl, sondern auch in einem rechtssicheren Rahmen zu gewährleisten.

Beispiel: Key Results

- Alle Voraussetzungen zum Start der Gefährdungsbeurteilung psychischer Belastungen sind geschaffen.
- Angebote von mindestens drei verschiedenen Beratern, die den Prozess begleiten können, wurden verglichen. Ein geeigneter Berater wurde ausgewählt.
- Ein Projektleiter wurde gefunden. Dieser hat sich mit der rechtssicheren Umsetzung der Gefährdungsbeurteilung befasst und ist sattelfest qualifiziert.
- Der Betriebsrat ist im Rahmen einer Betriebsratssitzung über das geplante Vorgehen informiert und stellt ein Steuerungsteammitglied.
- Ein Steuerungsteam wurde gebildet. Das Steuerungsteam ist mit den Rahmendaten der Gefährdungsbeurteilung vertraut. Ein Besprechungsturnus wurde verabschiedet.

Wichtig ist, dass OKRs so formuliert werden, dass sie innerhalb des Quartals **erreichbar** sind und der Grad der Zielerreichung am Ende des OKR-Zyklus **gemessen** werden kann. Größere Ziele können so in greifbare und messbare Teilziele heruntergebrochen werden.

OKR-Zyklus

Anstatt in Jahreszielen zu denken, werden Ziele mithilfe von Objectives and Key Results in kürzeren Zyklen vereinbart. So gelingt es, schnell auf Veränderungen zu reagieren und sich an neue Marktsituationen anzupassen. Häufig handelt es sich um Quartals-Zyklen, man findet jedoch auch Intervalle von zwei, vier oder sechs Monaten.

Der Zyklus umfasst folgende Punkte:

- Festsetzen der Prioritäten
- Entwicklung der OKR-Sets
- Verabschiedung der OKR-Sets
- Start der Bearbeitung der vereinbarten Ziele
- Daily Meetings zur Abstimmung der Zusammenarbeit
- Weekly Meetings zur Überprüfung der Zielerreichung
- Review der Zielerreichung
- Retrospektive zur Verbesserung des OKR-Prozesses

Moonshot Goals

Gerade ambitionierte Ziele sind es, die OKRs eine besondere Wirkung verleihen. Neben anspruchsvollen, aber erreichbaren Zielen kann es auf Basis einer gesunden und achtsamen Unternehmenskultur wertvoll sein, gelegentlich Moonshot Goals ins Visier zu nehmen. Damit sind Ziele gemeint, die eigentlich unerreichbar scheinen. Durch die Verschiebung des Fokus auf diese außergewöhnlichen Ziele wird neues, kreatives Denken möglich. Sie können dazu beitragen, die Innovationskraft zu beflügeln und ungeahnte Lösungen zu finden.

Mit Objectives and Key Results (OKRs) werden anspruchsvolle Ziele und messbare Zielerreichungskriterien vereinbart. Anstatt Jahresziele festzulegen, umfasst ein OKR-Zyklus

einen kürzeren, besser überschaubaren Zeitraum (meist ein Quartal). Die Ziele aus Management und Belegschaft werden aufeinander abgestimmt. Dosiert eingesetzte Moonshot Goals (nahezu unerreichbare Ziele) erhöhen kreatives Denken und Innovationsfreude.

5.2 Barcamps und Open Friday

Menschen in Managementpositionen sowie Fach- und Führungskräfte leiden allzu oft unter der schieren Fülle an Besprechungen, an denen sie teilnehmen sollen. Der Kalender ist voll, man hetzt von Termin zu Termin, deren Sinn man nicht immer versteht, und häufig bleibt das unbefriedigende Gefühl zurück, dass die eigentliche Arbeit liegen bleibt. Doch Kommunikation ist wichtig, um Pläne zu schmieden, Probleme zu lösen, voneinander zu lernen und gemeinsam Entscheidungen zu treffen.

Barcamp: Unkonferenz mit Teilgebern

Im Jahr 2005 hat in der Bay Area von San Francisco, in der auch das Silicon Valley liegt, das erste Barcamp stattgefunden (Bay-Area-Region-Camp = Barcamp). Ein Barcamp ist ein Open-Space-Format, auch „Unkonferenz" genannt, das klassische Konferenzregeln auf den Kopf stellt. Das inhaltliche Programm steht vorab nicht oder höchstens in Fragmenten fest. Es entsteht erst vor Ort durch die teilnehmenden Menschen. Auch der Begriff Teilnehmer ist bei einem Barcamp kein treffender Begriff. Die Personen, die zum

Barcamp erscheinen, sind als **Teilgeber** zur direkten Mitgestaltung aufgerufen: entweder indem sie selbst einen Programmpunkt für das Barcamp vorschlagen oder indem sie sich an der Bearbeitung oder Diskussion der Themen aktiv beteiligen.

Der ursprüngliche Barcamp-Gedanke ist frei von Regeln, doch häufig trifft man folgende hilfreiche Bestandteile:

- Moderation durch eine oder mehrere Personen.
- Erläuterung des Vorgehens zu Beginn, insbesondere für Barcamp-unerfahrene Personen.
- Sehr kurze Vorstellung aller Teilnehmenden mit drei Hashtags: z. B. #Softwareentwicklerin, #OpenToWork, #Teenager-Mama.
- Konferenzräume, in die sich Gruppen für individuelle Präsentationen, Diskussionen, Mini-Workshops, Besprechungen, Ideenaustausch, Kennenlernrunden etc. zurückziehen können.
- Einen Raum- und Zeitplan für Transparenz, wie viele Sessions (oft 45-Min.-Slots sowie Pausen) im Laufe des Tages und in den vorhandenen Räumlichkeiten möglich sind.
- Eine kurze Vorstellung des Themenangebotes, persönlich durch diejenigen Teilgeber, die eine Session anbieten. Alle Themengeber stellen sich in einer Reihe auf und stellen nacheinander ihr Thema vor.
- Handzeichen aller Interessierten unmittelbar nach Vorstellung jedes einzelnen Themas inkl. Sammlung der bekundeten Resonanz durch die Moderator*innen.

- Verteilung der Sessions auf die vorhandenen Räume und Zeitslots durch die Moderator*innen.
- Qual der Wahl für alle, wer wann welche Session besucht, da oft viele spannende Themen konkurrieren. Das Gesetz der zwei „Füße“ erlaubt es, zwischen Sessions zu wechseln oder zu gehen, wenn man nichts mehr beitragen oder für sich mitnehmen kann.
- Egal, wie viele Personen an einer Session teilnehmen: Diejenigen, die da sind, sind die richtigen.

Kommunikation auf Augenhöhe

Barcamps leben von Augenhöhe. Unabhängig von Bildungsstand und beruflichem Titel finden sich Menschen in regem Austausch und Dialogen wieder, die in einer klassischen Konferenz nie so dicht und unmittelbar in Kontakt gekommen wären. Jede Person, die ein Anliegen hat, kann ihr Thema als Vorschlag einbringen. Ob sich Teilgeber dafür finden, entscheidet sich vor Ort. Auch die kleinsten Sessions, in der sich nur zwei, drei oder vier Personen zum Austausch zusammenfinden, können hochgradig wertvoll und inspirierend sein, denn diejenigen, die sich zusammengefunden haben, wollen genau dort sein und genau das Thema besprechen, zu dem sie sich getroffen haben.

Open Friday

Um allen Mitarbeitenden eine Stimme zu geben und Besprechungen zu reduzieren, führt die Firma sipgate in Düsseldorf den Open Friday durch. Alle 14 Tage steht es allen aus der Belegschaft völlig frei, wie sie den Tag für sich nutzen. Wer möchte, kann am Open-Space-Format teilnehmen, bei dem in Barcamp-Manier Sessions angeboten werden. Bei bedeutsamen Themen werden Wünsche geäußert, wer sich im Idealfall von den Kolleginnen und Kollegen am Thema beteiligen sollte. Gleichzeitig ist es völlig legitim, dass Sessions über Fahrradreparatur oder Strickmuster angeboten werden.

Enormer Zeitgewinn

Durch den Open Friday ist es den Menschen bei sipgate gelungen, einen Großteil der Besprechungen aus dem normalen Arbeitsalltag zu eliminieren. Dass Personen in Besprechungen sitzen, die sie als Zeitverschwendung ansehen, gibt es dort nicht. Unendlich viele Stunden an kostbarer Arbeits- und Lebenszeit werden vor der Vergeudung von geistiger Energie und Motivation geschützt und produktiv für erfüllende Zusammenarbeit und konstruktive Ergebnisse genutzt.

Persönliche Atmosphäre

Wenn beim firmeninternen Barcamp auch eher private Themen wie Fahrradreparatur erlaubt sind, kommen Spaß und Kreativität ins Unternehmen. Die Menschen lernen sich auf persönliche Weise kennen, was in Unternehmen mit klassischer hierarchischer Zusammenarbeit oftmals künstlich mit viel Aufwand durch Incentives und Teamevents hergestellt werden muss.

Unternehmensinterne Barcamps fördern den Austausch der Mitarbeitenden und tragen dazu bei, Besprechungen zu reduzieren. Ein Barcamp ist eine „Unkonferenz“, deren Programm erst vor Ort durch den Input der teilnehmenden Menschen (Teilgeber) entsteht. Alle beteiligen sich aktiv, reger Austausch wird gefördert.

5.3 Top-down oder Graswurzelbewegung

Wer führt New Work im Unternehmen ein? Bei der Neugründung von Unternehmen kann der Spirit von New Work und Zusammenarbeit auf Augenhöhe von Anfang an in der Organisation Einzug halten. Doch wenn es bereits eine klassische hierarchische Zusammenarbeit gibt, braucht es einen Anfang, eine beständige Initiative und die Bereitschaft zur Transformation, damit eine tragfähige New-Work-Kultur entstehen kann.

Permanente Anpassung

Mit New Work ist man niemals fertig. In der VUCA-Welt bedarf es einer permanenten Anpassung an sich wandelnde Umstände. Wer New Work konsequent lebt, steht für Beweglichkeit, lebenslanges Lernen und fortwährenden organischen Wandel.

Die Rolle der Geschäftsführung

Ohne die **Bereitschaft der Geschäftsführung** gibt es kein lebendiges und übergreifendes New Work. Die operative

Macht und die informelle Strahlkraft der Geschäftsführenden beeinflussen maßgeblich die Kulturbildung im Unternehmen.

Die Geschäftsführung sorgt für die Verhältnisse. Die Verhältnisse wiederum beeinflussen das Verhalten der Mitarbeitenden.

Den größten Hebel für eine gelingende New-Work-Transformation haben Unternehmen, deren Geschäftsführende sich einig sind, dass sie diesen Wandel angehen wollen. Ob dieser eher schnell und umfassend vollzogen wird oder behutsam und im Hintergrund, spielt eine Nebenrolle.

Einflussmöglichkeiten der Geschäftsführung:

- Vertrauenskultur: Eine klare Haltung zum Zutrauen in alle Mitarbeitenden unabhängig von ihrer Position und Qualifikation vorleben und einfordern.
- Zusammenarbeit auf Augenhöhe: Wertschätzend praktizieren.
- Freiräume schaffen: Erlaubnis für alle geben, diese zu nutzen.
- Prozesse: Stimmige Mechanismen einführen, die zu den Unternehmenswerten passen und agile Zusammenarbeit fördern, wie z. B. OKRs oder Scrum.
- New-Leadership-Training: Für etablierte Führungskräfte anbieten, im Hinblick auf die Veränderung der Unternehmenskultur und den Umgang mit den Herausforderungen einer New-Work-Transformation.
- Offenheit: Flexible Arbeitsbedingungen wie z. B. flexible Arbeitszeiten, Homeoffice-Optionen und agile Rahmen-

bedingungen schaffen. Mitsprache und Mitgestaltung im Produktionsumfeld ermöglichen.

- Mitarbeiterzentrierung: Fokus auf die Bedürfnisse und das Wohlbefinden der Menschen richten.
- Selbstverantwortung: Eigeninitiative fördern, Raum für Freiheit und Autonomie geben.
- Teamarbeit: Zusammenarbeit über Abteilungsgrenzen hinweg fördern.
- Offene Kommunikationskultur: Für Transparenz sorgen. Ernst gemeinte Einladung zur Mitsprache und Mitgestaltung an alle Mitarbeitenden aussprechen.
- Hierarchiefreiheit vorleben: Auszubildende, Anlernkräfte und Mitarbeitende aus Arbeitnehmerüberlassung ernst gemeint und wertschätzend einbeziehen.
- Stärkenorientierung: Durchlässigkeit im Organigramm ermöglichen. Wechsel innerhalb des Unternehmens begrüßen.
- Zur Rückkehr nach Weggang einladen.
- Innovationskultur: Neue Ideen fördern. Informelle Begegnungs- und Austauschmöglichkeiten schaffen.
- Lernkultur: Agile Lernkultur für kontinuierlichen, zeitgemäßen Kompetenzaufbau fördern.
- Technologische Unterstützung: Technologien und Tools für eine effiziente und moderne Arbeitsweise und Kommunikation bereitstellen.
- Nachhaltigkeit: Vorleben, fördern und einfordern.

Working Out Loud

John Stepper hat mit seiner Initiative und seinem Buch Working Out Loud (WOL) eine Bewegung der Selbststeuerung für jedermann ins Leben gerufen, unabhängig davon, ob und in welchem Unternehmen er oder sie tätig ist. In einem zwölfwöchigen Programm organisieren sich rund vier bis fünf Personen in WOL-Circles, um an ihren persönlichen Zielen zu arbeiten. Dabei nutzen sie die Kontaktmöglichkeiten über Social Media, um Netzwerke zu bilden, die sie für ihr Vorankommen nutzen. Ziel ist es, innerhalb dieser Netzwerke Wissen und Informationen zu teilen und sich so gegenseitig zu stärken und gemeinsam weiterzuentwickeln. Dies dient der Community, für die man sich engagiert, und im Gegenzug dem persönlichen Vorankommen auf das eigene Ziel hin.

Graswurzelbewegung

WOL wird als Graswurzelbewegung bezeichnet, weil dadurch in firmeninternen Netzwerken oder auch unternehmensübergreifend eine selbstorganisierte Eigendynamik entstehen kann. Menschen können sich dabei über Abteilungs- und Bereichsgrenzen hinweg verbinden, ohne dass es dafür Besprechungen oder Workshops bedarf. Niemand muss diesen Prozess steuern. Um die positive Energie zu nutzen, wird Working Out Loud dennoch in manchen Unternehmen bewusst durch das Management eingeführt, werden WOL-Workshops organisiert und Freiräume für den Austausch in WOL-Circles geschaffen.

Wissensaustausch in dynamischen Netzwerken

Es wachsen Netzwerke und Wissenstransfer entsteht. So kann es passieren, wie in einem deutschen Automobilkonzern geschehen, dass Mitarbeiter in der Vorstandsetage Flipcharts mit Thesen zur Unternehmensentwicklung aufhängen, unterschrieben „mit freundlichen Grüßen von Ihrer Working Out Loud Community". So wie Gras durch die Ritzen der Gehwege sprießt, sprießt das Gedankengut der Mitarbeitenden in der Organisation. Die Meinungen und das Know-how der Menschen werden sichtbar und verbreiten sich in Eigeninitiative. Dadurch eröffnen sich Möglichkeiten für intelligenten Diskurs und bewusstes Nutzen der vorhandenen Schwarmintelligenz. Dies fördert einen dynamischen Nährboden für Weiterentwicklung und Innovation.

Den Nährboden kultivieren

Graswurzelbewegungen können ein wertvoller Bestandteil von New Work sein. Am besten gedeihen sie, wenn aus der Geschäftsleitung eine offene „Erlaubniskultur" vorgelebt wird und Freiräume für Austausch und Vernetzung geschaffen werden. Die Gestaltung von Pausenräumen und Kaffeeküchen spielen dafür ebenso eine Rolle wie die Bereitstellung von Kommunikationsmöglichkeiten im Intranet.

Eine deutsche Entsprechung zu Working Out Loud findet sich in der **lernOS Community**. Diese wurde durch Simon Dückert, Inhaber von Cogneon, einer Beratungsgesellschaft für Wissensmanagement, ins Leben gerufen. Ähnlich wie bei WOL vernetzen sich lernwillige Menschen in offenen Circles und nutzen einen Leitfaden, um gemeinsam ihr

- Mindset (Haltung),
- Skillset (Wissen / Fähigkeiten) und
- Toolset (Methodenkompetenz)

weiterzuentwickeln.

Die Haltung der Geschäftsführung ist entscheidend, ob New Work umfassend im Unternehmen Fuß fassen kann. Verschiedene Methoden helfen dabei, den Prozess voranzutreiben. Wichtig ist bei allen: Jede und jeder im Unternehmen ist ein wichtiger Teil und bringt sich ein – unabhängig von der Funktion im Unternehmen. Der Prozess kann von „oben", aber auch von der Belegschaft selbst angestoßen werden.

- Objectives and Key Results (OKRs) sind eine Methode, um in kurzen Zyklen (meist Quartalen) anspruchsvolle Ziele zu vereinbaren und monitoren. Geschäftsleitung und Belegschaft stimmen die Ziele aufeinander ab. Moonshot Goals inspirieren zu außergewöhnlichen Lösungen.
- Um Besprechungen zu reduzieren und übergreifenden Austausch zu fördern, sind unternehmensinterne Barcamps dienlich. Das Programm der „Unkonferenz" entsteht erst vor Ort durch die anwesenden „Teilgeber".
- Die Geschäftsleitung hat den stärksten Hebel, ob und wie ausgeprägt New Work im Unternehmen lebendig wird. In Graswurzelbewegungen wie Working Out Loud oder lernOS finden sich Menschen selbstorganisiert in Lernzirkeln und verbreiten ihr Know-how über soziale Medien.

Auf dem Weg zu New Work: Wo Unternehmen am besten anfangen

Echtes New Work, das den Spirit von Frithjof Bergmann beherzigt, dass Menschen arbeiten können, „wie sie wirklich, wirklich wollen", gelingt nur, wenn die Geschäftsleitung hinter diesem Gedankengut steht. Andernfalls bleibt New Work eine begrenzte Insellösung, die von mutigen und beseelten Führungskräften vorgelebt und beflügelt werden kann und damit immerhin innerhalb der eigenen Abteilungsgrenzen eine positive Strahlkraft erzielt. Diese Strahlkraft kann wiederum Leuchtturm-Charakter haben und anderen als Vorbild dienen. Wichtig ist dabei, nicht auszubrennen und an den Mauern innerhalb der Organisation zu zerschellen, sondern die Realität anzuerkennen, dass umfassendes New Work ein starkes JA der Geschäftsleitung braucht.

Ist die Geschäftsleitung Fan von New Work, dann gilt es, den wirksamsten Stellhebel auszumachen, der für die Organisation am stimmigsten erscheint.

Was soll als Erstes in den Fokus rücken?

- Ist es der übergeordnete Sinn und die Ausrichtung an einem höheren Ziel, das mehr ist als nur Gewinnmaximierung, sondern ein größerer gesellschaftlicher Beitrag?
- Ist es das Prinzip der Selbststeuerung? Ist es New Leadership mit einer Reduzierung bis hin zur Abschaffung von Hierarchie?

- Ist es die Ganzheitlichkeit, das Schaffen einer offenen und gesunden Fehlerkultur, die Freiheit von Maskerade, das Eingestehen von Schwächen, das Berücksichtigen menschlicher Bedürfnisse?

Frederic Laloux beschreibt in *Reinventing Organizations*, dass er in den New-Work-Unternehmen, die er untersucht hat, mindestens eines, manchmal auch zwei dieser drei Kernelemente angetroffen habe. So gut wie nie seien aber alle drei innerhalb eines Unternehmens vertreten gewesen. Sein Rat lautet daher, mit einem dieser drei Kernelemente zu starten und über diesen Weg die Transformation zu beginnen.

Mögliche erste Schritte:

- Finden Sie heraus, was Ihr persönliches WHY ist. Was treibt Sie an, weshalb wollen Sie New Work lebendig machen?
- Transformationsworkshop mit der Geschäftsleitung durchführen.
- Zukunftswerkstatt mit der ganzen Belegschaft (in kleinen Firmen) oder Vertretern aller Hierarchieebenen (in größeren Firmen) gestalten.
- Moderierte Dialogrunden zwischen Geschäftsführung und Belegschaft anbieten.
- Zum Dialogforum der Generationen einladen: Azubis und „alte Hasen“ tauschen sich aus.
- Ansprechende Pausenräume gestalten, in denen offener Dialog entstehen kann.

- Virtuelle Kaffeepausen mit origineller Moderation ermöglichen.
- OKRs zur Zielvereinbarung nutzen.
- Firmeninternes Barcamp veranstalten.
- Geschäftsführer arbeiten einen Tag als Anlernkräfte in Arbeitskleidung in der Produktion oder im gewerblichen Bereich mit.
- „Mood Check": Mitarbeiterbefragung durchführen.
- 360°-Feedback für Führungskräfte durchführen.
- Werte, Vision und Mission definieren.
- Persönlichkeitsanalysen anbieten.
- Diversity und Familienfreundlichkeit fördern.
- Psychische Gefährdungsbeurteilung durchführen.

Es gibt noch viele weitere Möglichkeiten – wichtig ist vor allem:
Fragen Sie die Menschen in Ihrem Arbeitsumfeld, dort entstehen die besten Ideen.

Mit New Work wird man niemals fertig. Doch die Transformation hin zu einem New-Work-Unternehmen beginnt mit einem ersten Schritt. Nur Sie können wählen, was zu Ihnen passt und wie Sie New Work wirklich, wirklich gestalten wollen.

Fast Reader

1. Was man unter New Work versteht

New Work ist das Bestreben, eine Arbeitskultur für eine höhere Zufriedenheit und Motivation der Menschen in Unternehmen zu schaffen. Frithjof Bergmann hat den Begriff geprägt. Und Frederic Laloux hat in seinem Buch *Reinventing Organizations* ein neues Verständnis von evolutionären Organisationen geschaffen.

- Kern: Wie willst du wirklich, wirklich arbeiten?
- Kernelemente: Ganzheit, Selbststeuerung, Sinn.
- VUCA-Welt: Unternehmen werden heute zunehmend mit folgenden Herausforderungen konfrontiert: Unbeständigkeit, Unsicherheit, Komplexität, Mehrdeutigkeit.
- Tools entfalten ihre Wirkung erst auf Basis einer Haltung von Wertschätzung und Vertrauen.

2. New Work und agiles Arbeiten

New Work und agiles Arbeiten begünstigen schnelle Reaktionen und gut aufeinander abgestimmte Zusammenarbeit in einer volatilen Welt.

- Das Agile Manifest stellt die Zusammenarbeit der Menschen in den Mittelpunkt.
- Scrum ist ein Regelwerk zur Steuerung agiler Projekte. In Sprints genannten Zeitphasen werden teilfertige Produkte

hergestellt und dann auf Basis von Kunden-Feedback weiterentwickelt.

- Die handelnden Rollen im Scrum-Projekt sind:
  Product Owner
  Scrum Team
  Scrum Master
  Stakeholder
- Agile Arbeit und New Work beeinflussen und befruchten sich gegenseitig.

3. Die Hierarchie auf dem Prüfstand

Die Organisation von Unternehmen in starren Hierarchien ist in die Jahre gekommen. Organigramme mit festen Zuschreibungen von Verantwortung kommen in modernen Unternehmenswelten an ihre Grenzen. In einer Wissensgesellschaft mit rasantem Wandel entstehen an den Schnittstellen Entscheidungs-Engpässe.

Evolutionäre Organisations-Elemente sind:

- Dynamische Zellen
- Mitarbeitende übernehmen wechselnde Rollen
- Entscheidungsmacht liegt bei vielen, unabhängig von deren Rolle in der Hierarchie
- Crossfunktionale Teams
- Natürliche Hierarchien statt starrer Führungsstrukturen
- Stärkenorientierter Einsatz der Menschen – unabhängig von ihrer eigentlichen Stellenbeschreibung

4. Drei wirksame Stellhebel für New Work

Die wirksamsten Stellhebel zur Gestaltung einer New-Work-Kultur sind: Ganzheit, Selbststeuerung und Sinn.

Ganzheit

- Ein psychologisch sicheres Umfeld schaffen
- Offene Fehlerkultur leben
- Menschen zeigen sich frei von Maskerade

Selbststeuerung

- Entscheidungsfreiheit auf viele Schultern verteilt
- Beratungsprozess für tragfähige Entscheidungen
- Moderation und Timeboxing für zielführende Abstimmungsprozesse

Sinn

- Unternehmenswerte definieren
- Vision, Mission definieren und kommunizieren
- Sinnzusammenhänge im Alltag erläutern

5. New Work in der Praxis

New Work bietet Lösungen für anpassungsfähige Zielvereinbarungen und die Reduzierung von Meetings. Manchmal wartet die Belegschaft nicht, ob die Geschäftsleitung New Work initiiert, sondern vernetzt sich selbst in Graswurzel-Communitys.

Objectives and Key Results (OKRs) verbinden die Führungsqualitäten des Managements mit den praktischen Qualitäten der Mitarbeitenden. Merkmale von OKRs sind:

- Zielvereinbarung in (Quartals-)Zyklen
- Ziele aus Geschäftsleitung (40 %) und Belegschaft (60 %) beeinflussen sich gegenseitig
- Anspruchsvolle Ziele und Moonshot Goals beflügeln Innovationskraft

Barcamps reduzieren die Zeit für Besprechungen und bringen die richtigen Menschen zu den relevanten Themen zusammen. Merkmale von Barcamps sind:

- „Unkonferenz“: Das Programm entsteht vor Ort.
- „Teilgeber“ entscheiden, woran sie sich beteiligen.
- Freie Themenwahl und das „Gesetz der zwei Füße“ fördern Motivation und energievolle Beteiligung.

Eine New-Work-Unternehmenskultur kann aus zwei Richtungen beeinflusst werden, Top-down und Bottom-up:

- Die Haltung der Geschäftsleitung ist ausschlaggebend für die Durchdringung von New Work im Unternehmen.
- In Graswurzelbewegungen wie Working Out Loud oder lernOS vernetzen sich Menschen eigenständig in Lernzirkeln und beeinflussen die Unternehmenskultur von „unten“.

Die Autorin

Rosemarie Thiedmann, ausgebildet in Psychologischer Organisationsberatung, weiß aufgrund ihrer mehr als 20-jährigen Personalentwicklungs- und Trainingserfahrung, wie erfüllende Zusammenarbeit im Unternehmen gelingen kann. Seit Jahren moderiert sie Workshops zur psychischen Gefährdungsbeurteilung. Sie unterstützt beim Aufbau einer stimmigen New-Work-Kultur und inspiriert mit erfrischenden Keynotes. Gemeinsam mit ihrem Mann Bernd Thiedmann leitet sie das Beratungsunternehmen Mensch und Veränderung.

Kontakt:
Mensch und Veränderung
Bernd und Rosemarie Thiedmann GbR
Marktplatz 15
83607 Holzkirchen
Tel: 0173 5436431
rosemarie.thiedmann@menschundveraenderung.de
www.menschundveraenderung.de

Weiterführende Literatur

Allmers, S., Trautmann, M., Magnussen, C.: On the way to New Work, Verlag Franz Vahlen, München, 2022

Heiler, S., Borck, G.: Chef sein? Lieber was bewegen, Heiler&Borck, 2018

Laloux, F.: Reinventing Organizations, Verlag Franz Vahlen, München, 2015

Obogeanu-Hempel, E. M., Steiner, A. D.: OKR – Objectives & Key Results, Gabal Verlag, Offenbach, 2021

Pfläging, N., Hermann, S.: Komplexithoden, Redline Verlag, München, 2015

Preußig, J.: Agiles Projektmanagement, Haufe, Freiburg, 2015

Sauer, F. H.: Das große Buch der Werte, INTUISTIK®-Verlag, Köln/Hürth, 2019

Schnell, N., Schnell, A.: New Work Hacks, Springer Gabler, Wiesbaden, 2019

Summerer, A., Maisberger, P.: Teamwork agil gestalten, Carl Hanser Verlag, München, 2018

Väth, M.: Arbeit, die schönste Nebensache der Welt, Gabal Verlag, Offenbach, 2016

Website zum Agilen Manifest:
https://agilemanifesto.org

Register

Agiles Manifest 28ff., 35, 37, 89
Agilität 27f., 46, 72
All Hands Meeting 23

Barcamp 71, 76-80, 85, 88, 92
Beratungsprozess 13, 23, 53, 58f., 62f., 69, 91

Check-in 23, 25

Delegation Poker 23, 25
Durchlässigkeit 50, 82
Entscheidungen 9, 12f., 16f., 20f., 40-45, 53, 58f., 61ff., 69, 73, 76, 90f.

Evolutionäre Organisationen 12, 16, 43-46, 53, 62, 89f.

Feedback 32ff., 37, 47, 55f., 88, 90
Fehlerkultur 13, 55f., 58, 87, 91
Frederic Laloux 12, 14, 16, 25, 35, 37, 53, 59, 62, 87, 89

Ganzheit 13, 16, 25, 53f., 57f., 68, 89, 91
Gefährdungsbeurteilung 54, 58, 68, 74, 88
Graswurzelbewegung 71, 80, 83ff., 91f.

Haltung 21f., 25, 35ff., 51, 81, 85, 89, 92
Hierarchie 6, 9, 12, 21, 35, 39-48, 51, 58, 60f., 79, 80, 82, 86f., 90

Kanban Board 33f., 37
Komplexität 17ff., 28, 89

Mehrdeutigkeit 20, 89
Mission 53, 64, 67, 69, 88, 91
Mood Check 23, 88
Moonshot Goals 75f., 85, 92

Objectives and Key Results (OKR) 71-75, 85, 92
OKR-Set 73, 75

OKR-Zyklus 74f.
Open Friday 76, 78f.

Product Owner 31f., 34, 37, 90
Prof. Frithjof Bergmann 10ff., 14, 25, 35, 37, 86, 89
Prozesse 19, 29f., 35, 37, 61, 81
Psychologische Sicherheit 13, 53ff., 58

Retrospektiven 24f., 75
Rollen 31f., 34, 37, 44ff., 48f., 51, 55, 59f., 90

Scrum 27, 29-32, 34f., 37, 81, 89f.
Scrum Master 31, 34, 37, 90
Scrum Team 31, 33f., 37, 90
Selbststeuerung 13, 16, 25, 53, 58f., 63, 68f., 72, 83, 86, 89, 91
Sinn 11, 13, 15f., 25, 53, 56, 64, 68f., 86, 89, 91
Sprint 30, 32-35, 37, 89
Stakeholder 12, 32ff., 37, 90
Stärkenorientierung 50f., 82, 90

Teilgeber 76ff., 80, 85, 92
Timeboxing 63, 69, 91
Tools 21ff., 25, 50, 82, 85, 89

Unkonferenz 76, 80, 85, 92
Unsicherheit 17f., 89

Vision 16, 53, 64, 66f., 69, 72f., 88, 91
Volatilität 17, 20, 25, 30, 51, 68, 89
VUCA 16f., 20, 22, 25, 28, 30, 41, 46, 80, 89

Werte 21, 36, 53, 64f., 67, 69, 81, 88, 91
Working Out Loud 71, 83ff., 92